MICHAEL PETRAK

—Wild schäden

SCHADBILDER,
VERURSACHER,
VERHÜTUNG

KOSMOS

Welches Thema dich auch begeistert – auf unsere Expertise kannst du dich verlassen. Und das schon seit über 200 Jahren.

Unser Anspruch ist es, dich mit wertvollem Rat zu begleiten, dich zu inspirieren und deinen Horizont zu erweitern.

BEGEISTERUNG DURCH KOMPETENZ

Unsere Autorinnen und Autoren vereinen professionelles Know-how mit großer Leidenschaft für ihre Themen.

WISSEN, DAS DICH WEITERBRINGT

Leicht verständlich, lebensnah und informativ für dich auf den Punkt gebracht.

SACHVERSTAND, DEN MAN SEHEN KANN

Mit aussagestarken Fotos, Zeichnungen und Grafiken werden Inhalte besonders anschaulich aufbereitet.

QUALITÄT FÜR HEUTE UND MORGEN

Dafür sorgen langlebige Verarbeitung und ressourcenschonende Produktion.

Du hast noch Fragen oder Anregungen?
Dann schreibe uns: kosmos.de/servicecenter

Inhalt

WILDSCHADEN, ERSTATTUNG UND RECHTLICHE GRUNDLAGEN

„SCHADEN“ DURCH WILD

Der Begriff „Wildschaden“ ist stets aus der Sicht des wirtschaftenden Menschen formuliert und kennzeichnet gewissermaßen die Auswirkungen des Tierverhaltens auf die Umwelt unter dem Gesichtspunkt einer wirtschaftlichen Schädigung. Kein Wild richtet „vorsätzlich“ Schäden an. Wildschäden sind zuallererst Ausdruck gestörter Lebensräume und Umweltbeziehungen. Das Wild weist uns durch sein Verhalten auf diese Störungen hin.

BEZIEHUNGEN MENSCH – WILDTIER

Ganz unabhängig von der Wildschadensverhütung und den Regelungen zur Wildschadenserstattung haben sich die Beziehungen zwischen Mensch und Wildtier in den letzten Jahrzehnten wesentlich geändert: Während in der Steinzeit der Anteil des Menschen an der Biomasse der Säugetiere bei etwa einem Prozent lag, beträgt dieser Anteil heute bei weltweiter Betrachtung 36 Prozent. Hinzu kommt gegenwärtig noch die Biomasse der Haustiere mit 58 Prozent, sodass für wildlebende Säugetiere an Land nur zwei Prozent und für Meeressäuger vier Prozent verbleiben (Zimmermann 2023).

Über die Hälfte der weltweiten Biomasse aller Säugetiere entfällt heute auf unsere Haus- und Nutztiere.

ZWISCHEN HEGE, TIER- UND NATURSCHUTZ

§ 1 des Bundesjagdgesetzes formuliert als Ziel der Hege die Erhaltung eines den landschaftlichen und landeskulturellen Verhältnissen angepassten artenreichen und gesunden Wildbestandes und die Sicherung der Lebensgrundlagen. Die Hege muss so durchgeführt werden, dass Beeinträchtigungen einer ordnungsgemäßen land-, forst- und fischereiwirtschaftlichen Nutzung, insbesondere Wildschäden, möglichst vermieden werden.
In Verbindung mit der Staatszielbestimmung zum Tierschutz und Naturschutz in Art. 20 a des Grundgesetzes – dieser Artikel gilt für alle Wildtiere – und dem § 21 „Biotopverbund, Biotopvernetzung“ des Bundesnaturschutzgesetzes (BNatSchG), wird die Wildschadensverhütung durchaus anspruchsvoll.

AUS § 21 ABS. 1 BNATSCHG
(1) Der Biotopverbund dient der dauerhaften Sicherung der Populationen wild lebender Tiere und Pflanzen einschließlich ihrer Lebensstätten, Biotope und Lebensgemeinschaften sowie der Bewahrung, Wiederherstellung und Entwicklung funktionsfähiger ökologischer Wechselbeziehungen. [...]

REVOLUTIONSMOTOR WILDSCHADEN

Der Umgang mit Wildschäden war und ist stets durch den historischen und gesellschaftlichen Kontext geprägt. In der Menschheitsgeschichte diente die Jagd anfangs dem Nahrungserwerb, später auch der Ertüchtigung. In Verbindung mit der Privilegierung des Adels und der Entwicklung zu den Jagdformen des Barocks führte sie dann zu regional sehr hohen Wildbeständen mit dramatischen Wildschäden. Diese Schäden wurden zu einem wesentlichen Motor der 1848er-Revolution. Die Bindung des Jagdrechtes an Grund und Boden ist das einzige Recht, das seit 1848 in Deutschland kontinuierlich besteht. Nach der Bindung des Jagdrechts an das Eigentum von Grund und Boden im Zuge der Revolution 1848 stellte sich die Frage des Wildschadenersatzes zunächst nicht mehr. Die Bindung des Jagdrechts an Grund und Boden führte nun zu einem Rückgang vieler Wildarten bis hin zu deren Ausrottung. Dies war Anlass zu einer Differenzierung zwischen Jagdrecht und Jagdausübungsrecht und der Einführung von Mindestreviergrößen.

ERSTE WILDSCHADENSVORSCHRIFTEN

Die jagdpolizeilichen Einschränkungen des Jagdausübungsrechts der einzelnen Grundstückseigentümer führten dann allmählich dazu, dass Wildschadensvorschriften erlassen wurden. So entstand das preußische Wildschadengesetz 1891.
Ausschlaggebend für die Schaffung von Wildschadensersatzvorschriften war die Ungerechtigkeit, die darin bestand, dass der Anteil einzelner Grundstückseigentümer am Jagderlös unter Umständen geringer sein konnte als ihr Anteil an den durch Wildschäden erlittenen Einbußen. Bis dahin war man der Auffassung, dass das Risiko der Wildschäden mit dem Jagdpachterlös abgegolten sei.
Der Wildschadenersatz in gemeinschaftlichen Jagdbezirken stellt jedoch eine Verlustkollektivierung dar, die der allein nach Grundstücksgröße berechnete Anteil am Pachterlös nicht ausgleichen kann (Konrad 2012). Heute wird der Wildschadenersatz in der Regel in den Pachtverträgen auf die Jagdausübungsberechtigten übertragen.

NUR WILDBESTÄNDE SENKEN – KEINE LÖSUNG

Der Blick in die Geschichte und auf die aktuelle Situation macht deutlich, dass ein ausschließliches Setzen auf das Absenken von Wildbeständen nicht zielführend sein kann. Arten, die seit Langem gefährdet sind, zeigen dies sehr anschaulich. So gilt das Rebhuhn seit Jahrzehnten gemäß den Kriterien

Die Ursachen von Wildschäden sind zu komplex, um allein mit Wildbestandsreduktion darauf zu reagieren.

der Roten Liste als gefährdet. Und doch wurden in Nordrhein-Westfalen bis zum Beginn der 1990er Jahre sogar noch Anträge auf Schonzeitaufhebung für Rebhühner mit der Begründung „Wildschäden im Gemüseanbau“ gestellt. Angesichts der Gefährdung der Art konnte diesen Anträgen aber nicht entsprochen werden. Eine ähnliche Problematik gibt es auch bei Wildarten, die noch zahlreicher vorkommen und deshalb ungefährdet scheinen.

GENETISCHE ISOLIERUNG, BIODIVERSITÄT UND ARTENSCHUTZ

Die Richtlinien der aktuellen Rote Liste der IUCN (2022) berücksichtigen als Gefährdungsursache ausdrücklich auch die genetische Isolierung. Aktuelle Studien (Reiner 2022) belegen dramatische Isolierungswirkungen für das Rotwild, sodass die Reduktion von Wildbeständen als einziges Instrument auch angesichts der aktuellen Entwicklung der Lebensräume zur Wildschadensverhütung der Verantwortung für Biodiversität und Artenschutz nicht gerecht wird. Wildschadensverhütung erfordert die Kooperation aller Beteiligten, insbesondere von Land- und Forstwirtschaft und Jagd. Die Wildschadenerstattung muss auf einen fairen Ausgleich setzen.

WILDSCHADENSERSATZ

SCHONZEITAUFHEBUNG UND ERWEITERTE ERSATZPFLICHT

Unabhängig davon, dass gemäß Bundesjagdgesetz nur Schäden durch Schalenwild, Fasan und Wildkaninchen erstattungspflichtig sind, können Schäden durch Arten, die nicht erstattungspflichtig sind, zu Forderungen nach Schonzeitaufhebungen führen. Zudem kann in Jagdpachtverträgen eine Erstattungspflicht auch für weitere Arten festgeschrieben werden.

Entwicklung der Fasanenstrecken in Deutschland (Quelle: Deutscher Jagdverband [DJV])

Entwicklung der Wildgänsestrecken in Deutschland (Quelle: DJV)

VERURSACHER UND SCHADENSERMITTLUNG

Eine sichere Ansprache der Verursacher und eine sachgerechte Ermittlung von Wildschäden sind Grundlage für einen fairen Ausgleich der Interessen und zur Wildschadensverhütung. Beteiligt sind stets die Geschädigten, d. h. die Grundeigentümer bzw. Bewirtschafter der Flächen, sowie die Ersatzpflichtigen, d. h. die Jagenden, da die Jagdgenossenschaften ihre grundsätzliche Ersatzpflicht an die Pächter weitergeben. Angesichts einer Fülle von Darstellungen zu den rechtlichen Grundlagen und zum formalen Verfahren liegt der Schwerpunkt die-

Entwicklung der Rebhuhnstrecken in Deutschland (Quelle: DJV)

Entwicklung der Feldhasenstrecken in Deutschland (Quelle: DJV)

Entwicklung der Nutriastrecken in Deutschland (Quelle: DJV)

Entwicklung der Waschbärstrecken in Deutschland (Quelle: DJV)

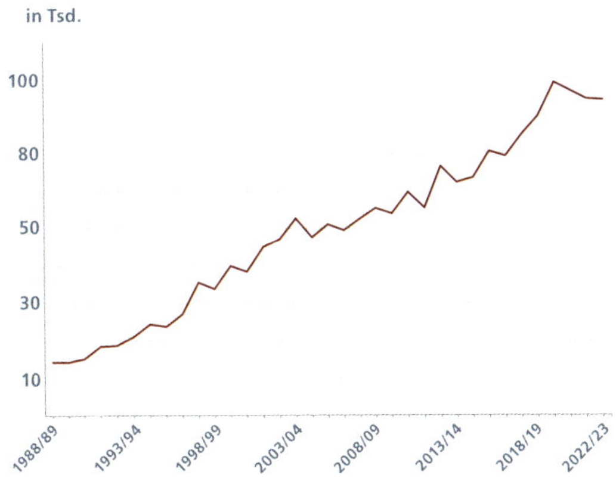

Entwicklung der Dachsstrecken in Deutschland (Quelle: DJV)

Entwicklung der Fuchsstrecken in Deutschland (Quelle: DJV)

ses Buchs auf der Ansprache der Schäden und einer Vermittlung der Grundlagen zur Schadensermittlung.

JAGDSTRECKENENTWICKLUNG

Mit der Zu- oder Abnahme von Wildtieren verschiebt sich auch deren Anteil am Schadensgeschehen. Ein Indikator für die Entwicklung von Wildbeständen ist die Entwicklung der Jagdstrecken. Definitionsgemäß umfasst die Strecke das erlegte Wild und das Fallwild, d. h. die durch Krankheiten und Unfälle eingegangen Tiere. Beispiele für die unterschiedliche Entwicklung der Wildbestände sind der Rückgang von Fasan, Rebhuhn und Feldhase einerseits, die zu den Verlierern der Kulturlandschaft und deren intensiver Nutzung zählen, und die Zunahme von Wildgänsen, Nutria und Waschbär als Profiteuren der Kulturlandschaft andererseits.
Bei selten gewordenen Arten ist ein Streckenrückgang auch Folge von freiwilligem Jagdverzicht und ganzjähriger Schonzeit. Dass sich die Strecken beim Fuchs in den letzten Jagdjahren tendenziell abwärts bewegt haben, ist in erster Linie Ausdruck einer im Vergleich zu früheren Zeiten geringeren Bejagungsintensität – für rückläufig kann wohl niemand diese Art halten.

STEPPENBEWOHNER UND LANDWIRTSCHAFT

Arten der ursprünglichen Steppenlandschaft wie Feldhase und Rebhuhn erreichten in der Kulturlandschaft bis in die Mitte des 20. Jahrhunderts zunächst höhere Dichten als im ursprünglichen Verbreitungsgebiet. Bis zu dieser Zeit steigerte die Landwirtschaft die Lebensraumqualität für diese Arten. Mit der Entwicklung zu immer größeren landwirtschaftlichen Betrieben und dem damit einhergehenden Strukturverlust in der Landschaft verschlechterten sich seither die Lebensbedingungen für die Arten der Agrarlandschaft deutlich.

DAS A UND O – WELCHES WILDTIER WAR ES?

Auch wenn die Schäden vieler Wildtierarten nicht erstattungspflichtig sind, ist die zutreffende Ansprache der Schadensverursacher immer wichtig. Die Diagnose ist nämlich die Grundlage für eine Risikominimierung– sei es durch den prophylaktischen Schutz gefährdeter Kulturen, technische Maßnahmen an Gebäuden und Fahrzeugen, eine vorübergehende Schonzeitaufhebung oder eine Kombination von Maßnahmen zum Gewässer- und Uferschutz. Eine gute Kenntnis der einheimischen Wildtiere (OPHOVEN 2021) erleichtert die Beurteilung im konkreten Fall.

SCHÄDEN, VERURSACHER UND URSACHEN

Der Schwerpunkt der Verursacherfeststellung liegt naturgemäß auf den Wildtieren bzw. Gruppen von Wildtieren nach dem Bundesjagdgesetz und in der Lebensraumnutzung vergleichbarer Arten. Dort wo Artengruppen wie „Wildgänse" aufgeführt sind, gilt es in der Praxis zwischen den Arten zu unterscheiden. Angesichts der

Gänse können alle Feldfrüchte nutzen – im Bild Kohl.

In ruhigen Gegenden ziehen Rehe mitunter bis in die Ortslage und verbeißen Rosen.

Winterverbiss an Rosen durch Rehe

Dynamik in der Gesamtentwicklung geht es auch darum, Managementnotwendigkeiten rechtzeitig zu erkennen.

NAHRUNGSAUFNAHME

Die wichtigsten Schadensgruppen lassen sich leichter verstehen, wenn sie dem Verhalten des betreffenden Wildes zugeordnet werden. Das stoffwechselbedingte Verhalten umfasst zunächst die Nahrungsaufnahme. Bei Schäden im Grünland denken die meisten zunächst an das Schwarzwild. Ein sehr intensives Beäsen von Wiesen und Weiden kann im Frühjahr allerdings auch in Rotwildgebieten zu einer Minderung des Ertrages führen.
Analog gilt dies für Feldfrüchte bei einer intensiven Nahrungsaufnahme durch Schalenwild, aber auch durch Gänse. Dass die Aufnahme von Feldfrüchten in größerem Umfang als Schaden eingestuft wird, ist jedem Praktiker geläufig.
In Hausgärten sowie in Parks großer Anwesen tritt die „Funktion als Nahrung“ dann augenfällig in Erscheinung, wenn entweder Rosenblätter im Vorgarten vom Rehwild beäst werden oder aber die Wildschweine in die Rasengestaltung eingreifen.

SCHUTZ VOR WITTERUNG

Die Funktion des Schutzes vor Witterungsunbilden führt normalerweise nicht zu Schäden. Hiervon auszunehmen sind Schadbilder des Schwarzwildes, das zum Bau von Kesseln bzw. dem Wurfkessel auch daumendicke Bäume abbeißen kann.

FEINDVERMEIDUNG

Dem Feindmeideverhalten kommt auch für die Entstehung von Wildschäden in Wald und Feld große Bedeutung zu. Die zunehmende Frequentierung des Lebensraumes durch den Menschen schränkt die Raumnutzung von Wildtieren ein, gleichzeitig steigt der Zeitaufwand des Wildes für die Feindvermeidung, z. B. das vorbeugende Sichern oder die Flucht, erheblich an. Zusätzlich wird der Aktivitätsrhythmus gestört, sodass Störungen des Äsungsrhythmus stoffwechselbedingte Notsituationen auslösen, wenn die Wiederkäuer in sichtdichte, äsungslose „Einstände“ gedrängt werden und dort gewissermaßen zum Schälen oder Verbeißen gezwungen sind. Deckung bieten auch große Felder, sodass auch umfangreiche Lagerflächen in der Felddeckung zu Schäden führen können.

IM WANDEL: MENSCH, WILDTIERE, KLIMA, RAUMNUTZUNG

KLIMA UND WILD-SCHÄDEN

Der Klimawandel hat Auswirkungen auf die Entstehung von Wildschäden. Das lässt sich anhand einiger Beispiele verdeutlichen. Ein besonders anschauliches Beispiel liefert die Feldfrucht Mais: In früheren Jahren standen Maisschäden durch Fasan und Schalenwild im Vordergrund. Schäden durch Nutria in dieser Frucht spielten in den 1990er Jahren keine Rolle, da die Frostphasen im Winter die Ausbreitung der Art auf die durch Kraftwerksabwässer erwärmten Flussbereiche begrenzten. Dank des Klimawandels hat sich die Art erheblich ausgebreitet, sodass heute Nutria, Dachs, Biber und Schwarzwild sowie die Hirscharten größere Schäden im Mais verursachen können. Neben echten Fehlansprachen mögen in der Praxis größere Schäden freilich auch dazu verführen, die Schäden einer der Arten zuzuordnen, für die eine Ersatzpflicht besteht.

SAUEN

SCHWARZWILD IN SIEDLUNGSNÄHE

Die Wärmeliebe der Sauen führt dazu, dass diese Wildart ihre Kessel vielfach nicht (mehr) in dichten Nadelholzbeständen, sondern lieber in lichten und sonnenseitig exponierten Laubholzkulturen anlegt. Oft kommt es auch zur unmittelbaren Konkurrenz zwischen menschlicher Wohnbebauung und den Ansprüchen des Schwarzwildes. Und dies gilt nicht nur für die Wildschweine in der Stadt, sondern durchaus auch im ländlichen Raum. So sind im Stromgebiet des Rheins, d. h. in den Tälern des Rheins und seiner Zuflüsse, in den letzten Jahrzehnten Weinbergsbrachen entstanden und ehemalige Obstwiesen verwildert. Diese Grundstücke grenzen zum Teil an bebautes Gebiet an und sind gleichermaßen sowohl aus dem Blickwinkel des Menschen als auch aus Sicht der Sauen bevorzugte Wohnlagen. Die Wildschweine kommen hier in die Hausgärten. Großzügige Grundstücke mit verwilderten Abschnitten werden nachts gern aufgesucht.

Die wirkungsvollste und sichere Maßnahme ist die schwarzwildsichere Abzäunung der Grundstücke. Ein aufklärendes Gespräch zwischen Jägern und Betroffenen, eine sinnvolle Bejagung in diesen Gebieten und auch

Sauen in unseren Siedlungen sind mancherorts schon Alltag. Eine Ursache ist die Klimaerwärmung.

eine Beratung zur Sicherung der Grundstücke minimieren potenzielle Konflikte.

SAUEN IN INDUSTRIEANLAGEN

In Ballungsgebieten sind Brachen Rückzugsräume. Sie erlauben Wildtieren selbst die Erschließung von Industrieanlagen. Schusswaffen scheiden für eine Bejagung aus Gründen der Anlagensicherheit zumeist aus. Wenn verwilderte Kleingärtenanlagen in Abweichung von den geltenden Bestimmungen als „Wohngebiet" genutzt werden und Wildschweine gelernt haben, in diesen zu leben, provoziert dies leicht gefährliche Begegnungen zwischen Menschen und ihnen.

RESSORTÜBERGREIFENDES DENKEN TUT NOT

Die administrative Vielfachzuständigkeit zum Umgang des Menschen mit der Natur und zum Aufenthalt des Menschen in der Natur verschärft die Wildschadensituation insbesondere in Waldgebieten: Flächendeckende Störungen durch den Menschen bedeuten nicht nur Beeinträchtigungen für Wildtiere, sondern erhöhen das Wildschadensrisiko nachhaltig.
Die Bedeutung von Störungen für die Entstehung von Wildschäden ist vielfach belegt. Gefordert ist hier nicht nur die Jagd, sondern auch der Tourismus. Dank einer sektoralen Betrachtung wird dies häufig vernachlässigt – das Wirtschaftsministerium sieht nur den Tourismus, das Gesundheitsressort die Bewegung in der freien Landschaft, die Ressorts für Landwirtschaft, Forstwirtschaft und Naturschutz nachhaltige Nutzung und Schutz. Das Verkehrsressort berücksichtigt trotz der Richtlinien für Schiene und Straße zur Minimierung des Wildunfallgeschehens die Auswirkungen der Zerschneidung von Lebensräumen zu wenig.
Die Tatsache, dass in Deutschland täglich noch 50 Hektar Landschaft und Lebensraum versiegelt werden – in einem Jahr entspricht dies etwa der Fläche von Hannover –, dokumentiert die Dimension des Problems. Wildschadenminderung erfordert zweifellos auch Rücksichtnahme auf die Lebensansprüche der Wildtiere.

DIE BASIS – ANSPRACHE UND DOKUMENTATION

Eine sichere Ansprache und Dokumentation der Zeichen, die die Wildtiere im Lebensraum hinterlassen, sind nicht nur als Basis einer Erstattung von Wildschäden unverzichtbar, sondern auch als Grundlage für die Entwicklung von Lösungen. Der Weg hierzu wird in den folgenden Kapiteln aufgezeigt.

Weinbergsbrachen – hier in Rheinland-Pfalz – sind auch für Sauen bevorzugte „Wohnlagen".

Jeder verfolgt die eigenen Interessen ... Auch unser Freizeitvergnügen kann zu Wildschäden führen.

RECHTLICHE REGELUNGEN

Die rechtlichen Grundlagen zur Wildschadenserstattung sind im Bürgerlichen Gesetzbuch geregelt. Grundsätzlich ist der Geschädigte so zu stellen, als seien die Schäden gar nicht eingetreten. Das Bundesjagdgesetz und die Landesjagdgesetze der Länder präzisieren den rechtlichen Rahmen für die Wildschadenserstattung.

GRUNDSÄTZLICHES

Aus § 1 des Bundesjagdgesetzes (BJagdG) folgt, dass die berechtigten Ansprüche der Land-, Forst- und Fischereiwirtschaft Vorrang vor jagdlichen Interessen haben. Daraus lässt sich natürlich nicht ableiten, dass Geschädigte den Anspruch auf die Eliminierung von Wildarten haben!

SCHADENSVERHÜTUNG VOR -ERSATZ

Nach § 1 Abs. 2 BJagdG ist das „Ziel die Erhaltung eines den landschaftlichen und landeskulturellen Verhältnissen angepassten artenreichen und gesunden Wildbestandes sowie die Pflege und Sicherung seiner Lebensgrundlagen; [...] Die Hege muss so durchgeführt werden, dass Beeinträchtigungen einer ordnungsgemäßen land-, forst- und fischereiwirtschaftlichen Nutzung, insbesondere Wildschäden, möglichst ver-

Verhütung geht vor Erstattung. Nutzungsberechtigte dürfen Wild von Grundstücken abhalten, um Schäden zu verhindern.

mieden werden". Wildschadenverhütung hat generell Vorrang vor Wildschadenersatz. Nach § 26 BJagdG dürfen sowohl der Jagdausübungsberechtigte als auch der Eigentümer oder Nutzungsberechtigte zur Verhütung von Wildschäden das Wild von den Grundstücken abhalten oder verscheuchen. Dabei darf das Grundstück nicht beschädigt und das Wild weder gefährdet noch verletzt werden. Bei bestimmten Maßnahmen, wie z. B. Einzäunungen, sind großräumig auch die Kriterien des Lebensraumverbundes zu berücksichtigen, die Maßnahmen dürfen also nicht zur Isolierung einer Population führen.

ANGEORDNETE WILDBESTANDSREDUZIERUNG

Nach § 27 BJagdG kann die zuständige Behörde bei übermäßigem Wildschaden unabhängig von den Schonzeiten anordnen, dass der Jagdausübungsberechtigte in bestimmtem Umfang den Wildbestand zu verringern hat, wenn dies aus Gründen des allgemeinen Wohls, insbesondere der Interessen der Land-, Forst- und Fischereiwirtschaft und der Belange des Naturschutzes und der Landschaftspflege, notwendig ist. In diesen Fällen ist eine sorgfältige Abwägung erforderlich, zu berücksichtigen sind insbesondere die Belange des Tierschutzes (§ 22 BJagdG). In der gelebten Praxis ist wesentlich, dass zur Regulierung des Wildbestandes die Jagdzeiten genutzt werden und die Jagdausübung außerhalb der Jagdzeiten primär der Vergrämung dient, nicht jedoch der Bestandsregulierung.

INVASIVE ARTEN

Nach § 28 a BJagdG „Invasive Arten" können dem Jagdausübungsberechtigten unter Berücksichtigung der Verhältnismäßigkeit von der zuständigen Behörde Maßnahmen zum Zurückdrängen invasiver Arten im Rahmen der Jagdausübung übertragen werden. Unter dem Aspekt Wildschaden ist dies unabhängig von der Frage einer Erstattungspflicht für Arten wie der Nutria irrelevant.

ERSATZPFLICHT

Ersatzberechtigter ist stets der Nutzungsberechtigte, d. h. derjenige, der die Flächen bewirtschaftet. Die Schadensersatzpflicht ist in § 29 BJagdG geregelt. Danach muss im gemeinschaftlichen Jagdbezirk die Jagdgenossenschaft den Wildschaden ersetzen und im Eigenjagdbezirk der Eigenjagdbesitzer. In der Regel wird die Pflicht zur Wildschadenserstattung im Pachtvertrag auf den Jagdausübungsberechtigten übertragen.

WILDARTEN UND ENTFALL DES ERSATZANSPRUCHS

Zu ersetzen sind generell Schäden, die durch Schalenwild, Wildkaninchen und Fasanen entstanden sind (§ 29 BJagdG). Ein Anspruch auf Ersatz von Wildschaden (§ 32 BJagdG) ist dann nicht gegeben, wenn der Geschädigte die von dem Jagdausübungsberechtigten zur Abwehr getroffenen Maßnahmen unwirksam macht. Wildschaden an Weinbergen, Gärten, Obstgärten, Baumschulen, Alleen, einzeln stehenden Bäumen und Forstkulturen, die durch Einbringen anderer als der im Jagdbezirk vorkommenden Hauptholzarten einer erhöhten Gefährdung ausgesetzt sind, oder Freilandpflanzungen von Garten- oder hochwertigen Handelsgewächsen werden nicht ersetzt, wenn die Herstellung von üblichen Schutzvorrichtungen unterblieben ist.

SCHADEN DURCH GEHEGEWILD

Entsteht Wildschaden durch Wild, das in Gehegen gehalten wird oder diese verlassen hat, ist derjenige zum Ersatz verpflichtet, der als Jagdausübungsberechtigter, Eigentü-

Schäden durch (entlaufenes) Gatterwild muss ersetzen, wer die Aufsicht über das Wild hat.

mer oder Nutznießer die Aufsicht über das Gehege führt (§ 30 BJagdG).

SCHUTZVORRICHTUNGEN MIT WEITSICHT

Hinsichtlich der üblichen Schutzvorrichtungen gilt es vorausschauend zu planen: Aus der Staatszielbestimmung zum Tierschutz und Naturschutz in Artikel 20 a des Grundgesetzes und dem § 21 „Biotopverbund, Biotopvernetzung" des Bundesnaturschutzgesetztes, der als Ziel ausdrücklich die „dauerhafte Sicherung der Populationen wildlebender Tiere und Pflanzen einschließlich der Lebensstätten, Biotope und Lebensgemeinschaften sowie die Bewahrung, Wiederherstellung und Entwicklung funktionsfähiger ökologischer Wechselbeziehungen" formuliert, folgt auch, dass bei der Herstellung von Schutzvorrichtungen das Zuwandern von einheimischen Wildtieren berücksichtigt werden muss.

BEISPIEL BAUMSCHULE UND ROTWILD

Wer Schutzvorrichtungen anlegt, muss berücksichtigen, das heimische Wildtiere möglicherweise zuwandern. Ein Beispiel hierfür ist der Schutz von Baumschulen im Einzugsbereich von Rotwildvorkommen: Hier sind entsprechende Maßnahmen gegen Rotwildschäden erforderlich, auch wenn bei deren Einrichtung diese Wildart nicht vorkommt.

LANDESRECHT BEACHTEN!

Da bestimmte Regelungen in den einzelnen Bundesländern unterschiedlich ausfallen und sich zudem auch ändern können, ist es in jedem Fall erforderlich, die für das Bundesland und die Region gültigen Rechtsvorschriften zu kennen und zu beachten.
So hängt z. B. die Differenzierung zwischen Freilandpflanzen und Gartengewächsen vom Bundesland und der Region ab. Die Anbaufläche ist dabei nur ein Aspekt. Letztlich ist die Entscheidung des zuständigen Amtsgerichtes maßgeblich.

BEISPIEL NORDRHEIN-WESTFALEN

Am Beispiel des Bundeslandes Nordrhein-Westfalen sollen hier wichtige Regelungen vorgestellt werden.

SCHUTZVORRICHTUNGEN

§ 33 des nordrhein-westfälischen Landesjagdgesetzes (LJG-NRW) bestimmt unter Bezug auf § 32 Abs. 2 BJagdG:
(1) Werden neben den im Jagdbezirk vorkommenden Hauptholzarten andere zur Anlage von Mischkulturen geeignete Holzarten in Forstkulturen eingebracht und sind übliche Schutzvorrichtungen nicht hergestellt worden, so sollen die Beteiligten im Pachtvertrag Vereinbarungen über die Abgeltung des Wildschadens oder die Beteiligung des Pächters an der Errichtung von üblichen Schutzvorrich-

An Zuwanderung denken! Im Einzugsbereich von Rotwildvorkommen sind z. B. für Baumschulen entsprechende Schutzmaßnahmen erforderlich, selbst wenn diese Wildart dort noch nicht ist.

tungen treffen. Als geeignete Holzarten im Sinne des Satzes 1 gelten: Buche, Eiche, Roteiche, Ahorn, Esche, Kiefer, Lärche, Fichte und Douglasie unter der Voraussetzung, dass der Anteil der eingebrachten anderen geeigneten Holzarten an der Gesamtfläche der Forstkultur mindestens 20 v. H. beträgt. Einigen sich die Beteiligten nicht, so ist der Wildschaden, der an Forstkulturen im Sinne der Sätze 1 und 2 an den Hauptholzarten und den anderen geeigneten Holzarten entsteht, zu ersetzen. Die Ersatzpflicht entfällt, wenn der Jagdausübungsberechtigte wenigstens drei Monate vor Beginn des neuen Jagdjahres die Materialkosten für die üblichen Schutzvorrichtungen übernommen hat.
(2) Das Ministerium wird ermächtigt, nach Anhörung des zuständigen Ausschusses des Landtags durch Rechtsverordnung zu bestimmen, welche Schutzvorrichtungen als üblich anzusehen sind.

DEFINITIONEN

Als übliche Schutzvorrichtungen, die unter gewöhnlichen Umständen zur Abwendung von Wildschäden ausreichen, sind neben anderen üblichen geeigneten Mitteln wilddichte Zäune anzusehen, die je nach Wildart, vor der zu schützen ist, folgende Höhen bzw. Merkmale aufweisen:

- Rotwild, Damwild, Sikawild und Muffelwild: 1,80 m
- Rehwild: 1,50 m
- Schwarzwild und Kaninchen: 1,20 m über der Erde und 0,30 m in der Erde versenkt

WILDSCHADENSSCHÄTZER

§ 36 des nordrhein-westfälischen Landesjagdgesetzes bestimmt, dass die Untere Jagdbehörde zur Abschätzung von Wild- und Jagdschäden für jede Gemeinde mindestens

- einen Wildschadenschätzer und einen Stellvertreter dieser Person für fünf Jahre (§36 Abs. 1) sowie
- zur Abschätzung von Wild- und Jagdschäden an Forstpflanzen Forstsachverständige als Schätzer (§36 Abs. 3)

zu bestellen hat.

GELTENDMACHUNG DES SCHADENS

VERFAHRENSWEG

Wer Schaden anmelden will, muss bestimmte Fristen beachten. Die wichtigen Stichtage für Waldbäume sind der 1. Mai und der 1. Oktober. Für landwirtschaftliche Grundstücke gilt in der Regel eine Meldefrist von einer Woche. Die Anmeldung der Schäden bei der Gemeinde ist Voraussetzung zur Wahrung des Anspruchs – dies schließt eine spätere gütliche Einigung nicht aus. Generell empfiehlt es sich, den Schaden bei der Gemeinde anzumelden für den Fall, dass sich eine der betroffenen Parteien an die Vereinbarung zur Regulierung des Schadens nicht halten möchte.

Die Abbildung unten fasst die Geltendmachung des Schadens zusammen:

ANMELDUNG, FRISTEN UND VORVERFAHREN

Generell empfiehlt es sich, die Regulierung des Schadens zunächst zwischen Ersatzpflichtigem und Geschädigtem, am besten schriftlich, zu vereinbaren. Unabhängig davon sollte der Geschädigte bei der zuständigen Gemeinde unter Wahrung der Fristen den Schaden anmelden.
Mit Ausnahme der Länder Baden-Württemberg und Berlin leitet die Gemeinde ein Vorverfahren ein. Das Vorverfahren nach § 35 BJagdG (und z. B. § 35 LJG-NRW)

Geltendmachung des Schadens in den Bundesländern

Verfahrensweg zum Geltendmachen von Wildschaden

dient der Feststellung des Sachverhaltes. Dies bedeutet, dass die geschädigte Fläche, Lage und Zeit, die geschädigten Pflanzen und die Wildart eindeutig dokumentiert werden müssen.
Kommt es im Vorverfahren zu keiner gütlichen Einigung, sind diese Daten später auch die Grundlage für ein Gerichtsverfahren. Der eindeutigen Feststellung des Sachverhaltes kommt damit eine Schlüsselrolle zu.

ORTSTERMINE UND GEGEBENENFALLS KLAGE

Im Vorverfahren vereinbart die Gemeinde einen Ortstermin mit den Parteien mit dem Ziel einer gütlichen Lösung. Ein Wildschadenschätzer wird in dieser Phase nur dann hinzugezogen, wenn eine der Parteien dies wünscht.
Wird im Ortstermin keine gütliche Einigung erzielt, findet ein zweiter Ortstermin in jedem Fall mit einem Wildschadenschätzer statt. Auf der Grundlage der Sachverhaltsfeststellung erlässt die Gemeinde einen Vorbescheid, der durch Klage beim Amtsgericht angefochten werden kann. Die Frist zur Ablehnung des Vorbescheides beträgt zwei Wochen, ebenso die Frist, Klage beim Amtsgericht einzureichen. Diese Fristen berücksichtigen vor allem auch, dass Wildschäden nur während einer bestimmten Zeit nach ihrer Entstehung sicher angesprochen werden können.
Eine gütliche Einigung ist in allen Ländern im Laufe des Verfahrens jederzeit möglich.

Baden-Württemberg und Berlin

Abweichend von den übrigen Bundesländern sehen die Regelungen in Baden-Württemberg und Berlin kein Vorverfahren vor. Im Südwesten Deutschlands bescheinigt die Gemeinde dem Geschädigten die Anmeldung des Wildschadens und leitet diese an den Ersatzpflichtigen. Des Weiteren nennt die Gemeinde den Beteiligten aner-

Wildschaden ist meist binnen Wochenfrist anzumelden. Erste Anlaufstelle ist das Rathaus.

kannte Wildschadenschätzer. In der Hauptstadt existiert keinerlei vorgegebene Regelung. Entweder einigen sich die Beteiligten oder der Wildschadenschätzer wird hinzugezogen. Dieser versucht, eine Einigung herbeizuführen – auch bezüglich der Kosten für die Schätzung. Kommt es nicht zu einer Einigung, muss der Geschädigte Klage beim Amtsgericht einreichen. Die Beweispflicht liegt beim Geschädigten.
In der Hauptstadt muss der Geschädigte den Schaden innerhalb einer Woche bei der zuständigen Stelle anmelden. Eine Regelung des Verfahrens fehlt, sodass in Streitfällen die Lösung auf privatrechtlicher Ebene zu suchen ist.

JAGDUNABHÄNGIGE WILDSCHÄDEN

Bei der Verpflichtung zum Wildschadenersatz handelt es sich um eine Gefährdungshaftung. Eine revierübergreifende Abstimmung von Hege und Bejagung dient auch der Wildschadenprophylaxe: Abgesehen von der banalen Aussage, dass dort, wo kein Wild ist, auch keine Wildschäden entstehen können, liegen die Ursachen für Wildschä-

01 Der Wildsperrzaun im Hürtgenwald: 1963 errichtet und von 2015 bis 2022 erneuert. In Waldgebieten wurden Rodungen für den Ackerbau bis in die jüngste Zeit eingezäunt.
02 Der Feldschutzzaun im Kermeter – heute Nationalpark Eifel – geht auf die Entwicklung im Mittelalter zurück.
03 In Belgien eher eine Ausnahme: Schäden in den Randbereichen von Wald und Offenland.

02

den nicht zwangsläufig im betroffenen Revier oder im Einflussbereich der Jagdausübungsberechtigten. Beispiele hierfür sind die Isolierung von Flächen mit Sackgassenwirkung durch Straßenbauplanungen und Gewerbegebiete oder die touristische Erschließung.
Ein weiteres Risiko resultiert daraus, dass Reviergrenzen infolge der Grundstücksgrenzen häufig Wald-Feld-Grenzen sind. Eine rigorose Bejagung im Feld auf Wiederkäuer wie Rot- und Damwild zur Wildschadensabwehr provoziert Wildschäden im Wald. Diese Wechselwirkung gilt auch umgekehrt: Lässt man Schwarzwildbestände im Wald über die Kapazitätsgrenze hinaus anwachsen, sind Wildschäden im Feld vorprogrammiert.

FELDSCHÄDEN – HISTORISCH BEDEUTSAM

Wildschäden in der landwirtschaftlich genutzten Feldflur hatten historisch immer besondere Bedeutung für die Regelungen zur Wildschadenvorbeugung und -erstattung. Für alle Wildarten besonders attraktiv sind landwirtschaftlich genutzte Flächen im Wald. Das belegen heute noch vorhandene Feldschutzzäune um solche Flächen in Waldgebieten. Schäden durch Schwarzwild haben in diesem Kontext besondere Bedeutung.

DER BELGISCHE WEG

Vor diesem Hintergrund hat Belgien einen anderen Ansatz zur Wildschadenserstattung gewählt. Dieser Weg soll hier dargestellt werden, denn im grenznahen Belgien pachten auch Deutsche.

DIE REGELUNGEN

Im „Gesetz zur Gewährleistung des Schadenersatzes bei Schäden, die durch Hochwild angerichtet werden" vom 14. Juli 1961 ist festgehalten:
Artikel 1 *Die Inhaber des Jagdrechts haften, ohne dass sie den Zufall oder höhere Gewalt geltend machen können, für den Schaden, den Hirsche, Rehe, Damhirsche, Mufflons oder Wildschweine, die aus den Waldparzellen kommen, auf denen diese Inhaber Jagdrecht haben, an den Feldern, Früchten und an der Ernte anrichten. Wenn der Beklagte*

01

03

den Beweis dafür erbringt, dass das Wild aus einem oder mehreren anderen Jagdgebieten als seinem eigenen kommt, kann er beantragen, den oder die Inhaber des Jagdrechts auf diesen Gebieten in das Verfahren heranzuziehen: diese können in diesem Fall zur Schadensersatzleistung für den ganzen oder für einen Teil des angerichteten Schadens verurteilt werden.

Artikel 2 *Die Klage wird vor den Friedensrichter des Ortes gebracht, an dem der Schaden angerichtet wurde. Der Richter entscheidet unter Berücksichtigung der Situation vor Ort und aller Elemente, die seine Überzeugung mitbestimmen können, nach Billigkeit. Wenn die Tiere aus Pachtgebieten mehrerer Jagdrechtinhaber kommen, teilt er die Last der Schadenersatzleistung gegebenenfalls unter sie auf.*

Die Friedensgerichte sind in Belgien ausschließlich für Zivilsachen zuständig. Die Klage richtet sich gegen die Jagdpächter und, wenn dieser seinen Pflichten nicht nachkommt, gegen den Eigentümer der Waldgrundstücke.

MINIMIERT: FELDSCHÄDEN AN DER WALD-FELD-GRENZE

Ein Nebeneffekt der Wildschadensregelung bei den belgischen Nachbarn – die Regelung geht auf ein Gesetz aus dem Jahr 1882 zurück – besteht darin, dass massive Feldschäden durch Schwarzwild an der Wald-Feld-Grenze nicht auftreten, sofern eine reguläre Jagdausübung möglich ist. Probleme kann es allerding im Einzugsbereich von Truppenübungsplätzen durch die Beschränkung für die Jagd wegen des Übungsbetriebes geben. Dadurch wird die Begrenzung der Schwarzwildbestände deutlich erschwert.

BEÄSUNG UND PFLANZENREAKTION

FRESSEN UND GEFRESSEN WERDEN

Die Energie zum Leben auf der Erde kommt von der Sonne. Von der Sonnenenergie, die auf die Außengrenze der Atmosphäre trifft, gelangt knapp die Hälfte auf die Erde. Nur die grünen Pflanzen und einige Bakterien sind durch ihr Blattgrün (Chlorophyll) in der Lage, mit Hilfe des Sonnenlichtes aus dem Kohlendioxid der Luft und den Mineralstoffen des Bodens auf chemischem Wege organische Substanz aufzubauen (Assimilation).

BEÄSUNG UND IHRE FOLGEN

Die grünen Pflanzen stellen die Lebensgrundlage für die gesamte Tierwelt dar. Fressen und Gefressenwerden sind gewissermaßen der ökologische Beruf von Tier und Pflanze. Dies hat im Laufe der Evolution zu vielfältigen Anpassungen der Pflanzen an das Gefressenwerden geführt: Jeder Praktiker weiß, dass Grünland, das regelmäßig beweidet oder gemäht wird, mehr Masse produziert als eine ungemähte Fläche.
Die physiologische Steuerung von Wachstum und Regeneration bestimmt die Reaktion einer Pflanze auf die mit dem Verbiss einhergehende Verletzung und damit auch, in welchem Ausmaß die Beäsung, der „Verbiss", zu einem relevanten Wildschaden führt. Die primäre Folge der Nahrungsaufnahme ist ein Masseverlust für die betreffende Pflanze, der sich sowohl hinsichtlich der entfernten Organe als auch der Menge differenzieren lässt.

Von Gänsen beäst. Aber ist das wirklich ein „Schaden"?

AUSWAHLFAKTOREN UND AUSWIRKUNGEN

Wichtige Faktoren, die die Attraktivität einer bestimmten Pflanzenart für eine Wildart bestimmen, sind neben der Beliebtheit der betreffenden Pflanze ihr phänologischer Zustand zum Zeitpunkt der Beäsung, ihre Erreichbarkeit für die Wildtiere und das Artenspektrum auf der Fläche, auf der sie wächst. Ebenso wichtige Faktoren sind die angrenzenden Pflanzengemeinschaften, die Jahreszeit und das davon abhängige Gesamtnahrungsangebot in der Region sowie die Tageszeit und der Einfluss des Menschen.
Entscheidend für die Auswirkung der Beäsung sind neben dem Masseverlust das Alter, in dem eine Pflanze beäst wird, die Jahreszeit sowie die Entwicklungs- und

Wachstumsphase, zu der dies geschieht. Der Energieverlust als Folge der Beäsung wird durch den Assimilathaushalt der Pflanze bestimmt. Betriebsstoffwechsel, Baustoffwechsel und Depotstoffwechsel bestimmen die Verteilung und Verwertung der im Wege der Photosynthese gebildeten Assimilate in der Pflanze. Zunächst werden am Beispiel der Bäume die Beziehungen zwischen dem Assimilathaushalt und den Auswirkungen der Beäsung in Abhängigkeit vom Beäsungszeitpunkt näher erläutert.

BÄUME

Bäume sind in ihrem Assimilathaushalt auf eine lange Lebensdauer eingerichtet. Schon in der Jugend wird viel Assimilat in den Aufbau der Sprossachse investiert. In den ersten Lebensjahren kann die Blattmasse noch die Hälfte der gesamten Trockensubstanz der Pflanze betragen. An der Gesamtmasse ausgewachsener Bäume ist das Laub nur noch zu ein bis fünf Prozent beteiligt. Die photosynthetisch aktiven Blätter müssen also das 20- bis 100-Fache ihres eigenen Gewichts mit Betriebs- und Baustoffen versorgen. Im Vergleich zu krautigen Pflanzen ist der Massezuwachs deshalb eher bescheiden.
Im Hinblick auf die lange Lebensdauer ist dies jedoch kein Nachteil. Von Jahr zu Jahr vermehrt der Baum seine Holzmasse – unter dem Gesichtspunkt des Assimilathaushalts totes Kapital, das dem Stoffwechsel des Baumes endgültig entzogen ist. In Gebieten mit längerer Vegetationsperiode verschafft die Wuchsform den Bäumen jedoch entscheidende Konkurrenzvorteile gegenüber den krautigen Pflanzen, die langsam, aber sicher von den Holzpflanzen überschattet werden.

SOMMERGRÜNE ARTEN

In den Bäumen folgt die Assimilatverteilung einem komplizierten Schlüssel. Bei sommergrünen Bäumen wie der Buche werden kurz vor Beginn des Laubaustriebes die Kohlenhydratdepots entleert und die Reservestoffe den Knospen und später den Neuaustrieben zur Verfügung gestellt. Etwa ein Drittel der Reservestoffe dient dem Aufbau der Blätter.
Diese Blätter arbeiten sehr bald mit positiver Stoffwechselbilanz und tragen ihrerseits zum Aufbau der Blätter und Sprosse des Neuzuwachses bei. Das Laub versorgt den Baum mit Assimilaten. In der Regel werden die Blüten und heranwachsenden Knospen bevorzugt beliefert, dann das Kambium und zuletzt die Knospenanlagen sowie die Stärkedepots in Wurzel und Rinde. Blütenknospen werden mit den verbleibenden Mitteln angelegt.
Dieses Assimilat-Verteilungsprinzip hat zur Folge, dass ein reichlicher Fruchteinsatz, d. h. Mast, mit dem Erstarkungswachstum konkurriert. Der Assimilataufwand für die Reproduktion ist erheblich, bei der Buche beträgt er 20 Prozent und mehr des Jahresreingewinns der Photosynthese. Am Ende der Vegetationsperiode wird der Assimilat-

Die Blätter der Bäume müssen das 100-Fache ihres eigenen Gewichts „am Laufen halten".

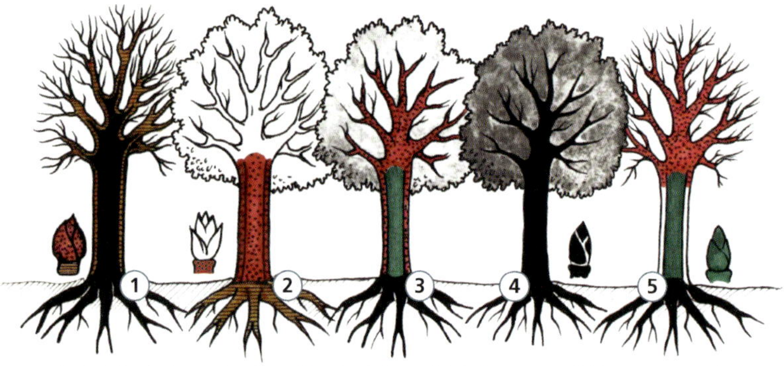

Jahreszeitlicher Verlauf der Stärkespeicherung und -mobilisierung bei der Rotbuche (Fagus sylvatica) *in Mitteleuropa nach Gäumann (1935). 1: Frühjahr unmittelbar vor dem Laubaustrieb; 2: während des Laubaustriebs; 3: Hochsommer; 4: Herbst, unmittelbar vor dem Laubabwurf; 5: Winter bei kältebedingter reversibler Umwandlung von Stärke in lösliche Kohlenhydrate*

überschuss in Form von Stärke in den Holzkörper und in die Rinde von Ästen, Stamm und insbesondere der Wurzeln verlagert und über den Winter gespeichert (LARCHER 2001).
Die Abbildung oben veranschaulicht den jahreszeitlichen Verlauf der Assimilatspeicherung und -mobilisierung in der Rotbuche *(Fagus sylvatica).*

FAKTOR STANDORT

Der Standort des Baumes hat große Auswirkungen auf das Spross-Wurzel-Verhältnis: Trockenere Standorte fördern die Wurzelbildung. Das gleiche gilt für Wildverbiss insbesondere an extremen Standorten, an denen eine nicht zu starke Beäsung der Stabilität der Bäume bei Sturm und Schnee im Winter zugutekommt.

Beäsung verschiebt das Spross-Wurzel-Verhältnis der Bäume zugunsten der Wurzel. Auf Extremstandorten stabilisiert sie das.

SOMMER- UND WINTERVERBISS

Aus der jahreszeitlich unterschiedlichen Assimilatverteilung in den Bäumen folgt, dass sich Sommer- und Winterverbiss unterschiedlich auf das betroffene Individuum auswirken, wie dies POLLANSCHÜTZ (1984, 1987, 1988) u. a. für die Fichte nachgewiesen haben. Zur Zeit der Vegetationsruhe bedeutet der Masseverlust durch Verbiss im Wesentlichen einen Verlust an Gerüstsubstanz – sie ist unter dem Aspekt des Assimilathaushalts totes Kapital. Assimilate als Reservestoffe gehen angesichts der dominierenden Speicherfunktion der Wurzeln bei Winterverbiss nur in relativ geringem Ausmaß verloren.
Sommerverbiss hingegen bedeutet neben dem Verlust an Gerüstsubstanz stets auch einen erheblichen Verlust an Assimilaten und Mineralstoffen. Die physiologisch sehr aktiven und als Äsung attraktiven Blätter

Beäster Bergahorn – gegenständig wachsende Knospen begünstigen die Zwieselbildung.

Arten mit wechselständigen Knospen wie die Rotbuche wachsen nach einfachem Verbiss gerade weiter.

und jungen Triebe zeichnen sich stets durch relativ geringe Fasergehalte, jedoch hohe Protein- und Mineralgehalte aus. Der Verlust für die Pflanze ist also bei Sommerverbiss deutlich höher, d.h. die mögliche verbissbedingte Wachstumsdepression unzweifelhaft größer.

SOMMERVERBISS IST FOLGENREICHER

Verbiss ist auch bei gleichem Aussehen der Abbissstelle nicht gleich Verbiss. Die Assimilatverteilung ist die Ursache, dass der Sommerverbiss physiologisch deutlich höhere Anforderungen an die Stoffproduktion der Pflanze stellt als der Winterverbiss während der Vegetationsruhe. Dazu kommt vor allem bei Laubbäumen ein im Vergleich zum Winterverbiss wesentlich höherer Mineralverlust durch den Sommerverbiss.
Winterverbiss kann insgesamt leichter von den betroffenen Bäumen ausgeglichen werden. Bei gleichen Verbissintensitäten treten Zuwachsverluste eher durch Sommer- als durch Winterverbiss auf.

ZWIESELBILDUNG

Die Auswirkungen des Verbisses auf das weitere Wachstum werden wesentlich durch die Morphologie und Anatomie der Pflanzen bestimmt. Arten mit gegenständiger Knospenbildung wie Berg-Ahorn und Esche neigen stärker zur Zwieselbildung als Arten mit wechselständiger Knospenbildung wie die Rotbuche. Die Anlage zur Zwieselbildung ist genetisch bestimmt.

VERBISS UND VERJÜNGUNG

Die Beäsung verschiebt in der Lebensgemeinschaft die Konkurrenz zugunsten von Gräsern und Kräutern. Dies stimmt mit den Befunden überein, nach denen eine sehr intensive Beäsung in Abhängigkeit von Standortverhältnissen die natürliche Verjüngung der Waldgesellschaften wesentlich erschweren kann. Die Rotbuche toleriert in Mitteleuropa den Wildeinfluss insgesamt gut. Sofern der Flächenanteil rund ein Drittel der Waldfläche nicht unterschreitet, gelingt die Verjüngung mit allen in Deutschland vorkommenden Schalenwildarten.

Es ist nur eine Frage der Zeit, bis die Vogelbeeren überwachsen sind und untergehen – Verbiss hin oder her.

ENTMISCHUNG – EIN KOMPLEXES THEMA

In der aktuellen Diskussion um die Wiederbewaldung wird vielfach vorgeschlagen, den Einfluss des Wildes auf die Entmischung in Rechnung zu stellen. Dieser Einfluss ist allerdings äußerst komplex und lässt sich vor allem so einfach objektiviert nicht darstellen. Weisergatterpaare, gezäunt und ungezäunt, mit kurzer Laufzeit bieten hier nur eine eingeschränkte Argumentationsgrundlage. Bei Langzeitbeobachtungen über drei Jahrzehnte wurden vielfach zwischen Weisergattern und Freiflächen keine Unterschiede gefunden (REIMOSER & STOCK 2021).

PFLANZENGEMEINSCHAFT UND UMFASSENDE VEGETATIONS-AUFNAHMEN!

Eine Aussage zur Entmischung erfordert zudem die Beurteilung der vollständigen Pflanzengemeinschaft (s. Infobox).

Überdies sind Aussagen zu einer möglichen Entmischung auch nur auf der Grundlage vollständiger Vegetationsaufnahmen möglich, wie Langzeitstudien belegen: 1982 wurde in einem an jungen Eichen reichen bodensauren Honiggras-Eichenmischwald (Pfeifengras-Torfmoos-Ausbildung; *Holco-Quercetum molinietosum*) ein Weiserflächenpaar eingerichtet. In der Startphase 1992 wuchsen innerhalb der Zaunfläche 300 junge bis 60 cm hohe Eichen je 100 m^2, in der Vergleichsfläche waren es 440 Eichen mit einer Wuchshöhe bis 60 cm je 100 m^2. In den ersten Jahren nach der Zäunung wuchs die Eiche rasch auf, wurde aber nach spätestens 15 Jahren von der Hainbuche überwachsen. Im Zaun nahm die Eiche bis zum Jahr 2013 von 90 auf 20 Prozent ab (SIMON & GOEBEL 2014). Ursache waren die Stickstoffemissionen und die Eutrophierung aus der Luft, die zum Verschwinden des Torfmoos-Honiggras-Eichenwaldes führten und die Ausbildung zum Sternmieren-Eichen-Hainbuchenwald, Hainsimsen-Ausbildung, förderten. Dass die Verhältnisse nicht so einfach sind, wie oft vermutet, bestätigen auch die internationalen Studien.

BEISPIEL VOGELBEERE – ENTMISCHUNG DURCH VERBISS?

Dass die Frage der Entmischung nur unter Betrachtung der Pflanzengemeinschaft insgesamt beurteilt werden kann, zeigt folgendes Beispiel: Zweifelsohne wird die Vogelbeere deutlich stärker verbissen als die Buche. In Hainsimsen-Buchenwaldgebieten fällt diese Baumart jedoch infolge der Beschattung durch die Buche ohnehin mittelfristig aus. Aus ihrem Verbiss lässt sich also keine „Entmischung" durch Wildeinfluss ableiten.

DIE ANTWORT DER PFLANZEN

Wie Pflanzen auf den Verbiss reagieren, hängt auch vom relativen Anteil der photosynthetisch aktiven, d. h. grünen Pflanzenteile an der Gesamtpflanze ab. Bei krautigen Pflanzen ist dieser höher als bei Holzgewächsen. Dies ist ein Grund dafür, dass Gräser und Kräuter mehr Verbiss vertragen als junge Bäumchen.

ABWEHRMECHANISMEN

Pflanzen haben zusätzliche Abwehrmechanismen gegen den Verbiss entwickelt. So sind die Dornen von Berberitze oder Weißdorn umgewandelte Blätter, die die Pflanze vor Pflanzenfressern schützen sollen. Dornen sind fest mit der Pflanze verwachsen und mit Leitbündeln durchzogen. Solche Pflanzen werden nur beim allerersten Austrieb beäst. Dies gilt auch für Sträucher mit spitzen dornigen Blättern wie den Ilex, auch Stechpalme genannt.
Die Stacheln von Rosengewächsen sind Ausstülpungen der Rinde, also keine umgewandelten Pflanzenorgane. Sie lassen sich leicht entfernen. Pflanzenhaare wie bei der Brennnessel wirken auch gegen das Gefressenwerden – allerdings nicht gegenüber großen Tieren, wie z. B. die Aufnahme dieser Pflanzen durch das Rotwild zeigt.

CHEMISCHER SELBSTSCHUTZ

Auch chemisch schützen sich Pflanzen gegen Verbiss. Gräser wie das früher als Pferdeheu verwendete Rohrglanzgras enthalten von Natur aus viel Kieselsäure und werden allenfalls beim ersten Austrieb beäst. Die Biosynthese von Abwehrstoffen wird jedoch häufig erst durch das Gefressenwerden ausgelöst und gefördert: Stark beweidete Gräser enthalten mehr Kieselsäure als unbeweidete. Dies gilt auch für die „Kulturgräser".
Neben der Kieselsäure schützen weitere Stoffe vor dem Gefressenwerden oder reduzieren zumindest das Risiko. So erhöht sich in Birken durch Verbiss der Gehalt an Polyphenolen, Tanninen und Terpenen. Nadelbäume enthalten von Natur aus höhere Anteile dieser Substanzen. Pflanzen mit diesen In-

Nahaufnahme einer Brennnessel. Die feinen Härchen schützen nur vor Gefressenwerden durch kleine Tiere.

haltsstoffen können nur genutzt werden, wenn sich die Pansenmikroorganismen daran angepasst haben. Dies führt zu dem evolutionsbiologisch erklärbaren, aber aus Sicht des wirtschaftenden Menschen unerwünschten Effekt, dass gerade seltene Holzgewächse häufiger verbissen werden als häufige. Wiederkäuer können in größerer Menge nur Pflanzen aufnehmen, welche ihre Pansenmikroorganismen „kennen". Im Unterschied zu krautigen Pflanzen stehen Holzgewächse auch im Winter zur Verfügung. Der Verbiss ist hier ein Mittel zur vorsorglichen Anpassung der Pansenmikroorganismen.

Die Stechpalme hat sich im Laufe der Evolution gegen Verbiss zu wehren gelernt.

REGENERATIONSVERMÖGEN

Gräsern ermöglichen die Bildungsgewebe (Meristeme) an den Blattbasen selbst bei intensiver Beäsung eine schnelle Regeneration: Durch die Beäsung können der Bestockungsanteil und auch die Bewurzelung von Gräsern daher gesteigert werden. Bekannt ist dies z. B. vom Wintergetreide, das aus diesem Grund früher mit Schafen beweidet wurde („goldener Biss").

Rapsfeld vor der Ostsee – evolutionär an den Meeresspülsaum angepasst: sehr regenerationsfähig, solange Tritt oder Barfröste nicht die Wurzeln zerreißen.

ENTSCHEIDEND: DIE DAUER INTENSIVER BEÄSUNG

Der Regenerationsmechanismus gilt für Getreide und Grünlandgesellschaften. Eine geringe Beäsung wird ohne Schaden toleriert. Bei intensiverer Beäsung ist für das Ausmaß eines Schadens ganz entscheidend, wie lange sich diese in der Vegetationsperiode fortsetzt. Unter dem Aspekt Verluste und Wildschäden ist eine Beäsung schadensrelevant, die bis in den Vollfrühling bzw. darüber hinaus reicht. Eine intensive Beäsung, die sich ausschließlich auf den Winter konzentriert, wird dagegen weitgehend ausgeglichen.

RAPS – FROST- STATT WILDSCHADEN

Kreuzblütler wie der Raps sind in ihrer Evolution durch die Entwicklung im Spülsaum des Meeres geprägt. Der Raps gehört zu den Pflanzen, die auch einen relativ starken Verbiss im Winter ausgleichen können, sodass selbst intensiv beäste Flächen im tatsächlichen Ertrag kaum gemindert sind. Von daher ist eine effektive Feststellung der Schädigung häufig erst zum Erntezeitpunkt möglich. Raps kann einen frühen Verbiss im Winter selbst bei hoher Intensität ausgleichen. Gravierende Auswirkungen haben dagegen Barfröste, die zu Wurzelzerreißungen führen. Die durch solche Wurzelrisse und -abrisse ausgelösten Schäden werden, wenn eine Beäsung vorausging, fälschlicherweise oft als Wildschaden gedeutet.

REGENERATIONSHELFER KNÖLLCHENBAKTERIEN

Die Pflanzenfamilie der Schmetterlingsblütler besitzen unter anderem durch die Stickstofffixierung über die Knöllchenbakterien eine gute Regenerationsfähigkeit. Konkret heißt dies, dass eine Beäsung in der ersten Wachstumsphase weitgehend ausgeglichen wird.

Knöllchenbakterien sammeln Stickstoff und fördern so die Regenerationsfähigkeit. Symbionten sind Hülsenfrüchtler (Fabaceae)*, aber auch Erlen.*

GENAUIGKEIT, ZEITPUNKT UND TATSÄCHLICHE AUSWIRKUNGEN

Die morphologisch anatomischen und physiologischen Grundlagen zum Pflanzenwachstum lassen nicht nur verständlich werden, warum es bei der Aufnahme von Schäden neben der erforderlichen Genauigkeit auf den richtigen Zeitpunkt ankommt, sondern auch, warum manche Schäden nicht so gravierend sind, wie es auf den ersten Blick scheint und sich der Ertragsausfall vielfach erst zur Ernte feststellen lässt.

ANSPRACHE DER VERURSACHER

GRUNDLAGEN DER WILDSCHADENSANSPRACHE

Wesentliche Ursachen für die Wechselbeziehungen zwischen Wildtieren und ihrer Umwelt (im Zweifel einer erlebten Beeinträchtigung) ist das Verhalten. Wie schon erwähnt, verursacht natürlich kein Wildtier bewusst und gezielt einen Schaden. Probleme durch Wildtiere sind zunächst ein Hinweis auf geschädigte Umweltbedingungen und Mängel im Lebensraum.

TIPP

Der Ausdruck „Zeichen", die von den Wildtieren hinterlassen werden – z. B. Verbiss, Schäle oder Losung – ist zunächst ein angemessener, weil wertfreier Begriff. In „Schäden" werden diese Zeichen erst umgetauft, wenn sie den Interessen des Menschen zuwiderlaufen.

Im Vordergrund jeder Betrachtung steht zunächst das Ansprechen der Verursacher. Es gilt, typische Zeichen zu erkennen und einer Art zuzuordnen.

SCHÄDEN UND WILDVERHALTEN

Die wichtigsten Schadensgruppen lassen sich leichter verstehen, wenn wir sie dem zugehörigen Verhalten zuordnen.

STOFFWECHSELBEDINGTES VERHALTEN

Das „stoffwechselbedingte Verhalten" fasst alle Verhaltensweisen zusammen, die dazu dienen, elementare Voraussetzungen für den Energie- und Stoffwechsel zu schaffen.

Schäden wegen Feindvermeidung: Vertreiben permanente Störungen z. B. das Rotwild immer wieder von den Äsungsflächen und zwingen sie es in die Deckung, ist es mehr oder weniger gezwungen, dort zu schälen.

Klassischer Maschinenschaden

Hierzu gehören die Nahrungsaufnahme, aber auch die Stoffabgabe und auch der Schutz vor Witterungsunbilden wie Nässe, Kälte und Hitze.
Die Nahrungsaufnahme, d. h. das Fressen, oder auch die Stoffabgabe, d. h. die Verkotung, sind die Ereignisse, an die viele bei Wildschäden zuallererst denken. Aber auch die Schutzfunktion vor Witterungsunbilden, d. h. das Aufsuchen vom Geländeklima her günstigerer Bereiche, kann zu Schäden führen, wenn bei bestimmten Witterungslagen die Feldfrüchte von größeren Rudeln oder Rotten plattgelegen werden.

FEINDVERMEIDUNG

Die Feindvermeidung wird für das Entstehen von Schäden leicht unterschatzt. Das Aufsuchen störungsfreier Ruhe- und Fraßplätze kann sich auf den Wald beziehen, aber auch auf größere Felder. Vor allem Schwarzwild versteht es ausgezeichnet, Felder von innen so „aufzuarbeiten", dass bei einem Maisfeld z. B. die äußeren Reihen stehen bleiben und so der Schaden häufig erst zur Ernte bemerkt wird.

RAUMNUTZUNG

Die Orientierung im Raum kommt dann zum Tragen, wenn Siedlungsrandbereiche aufgesucht werden und ursprünglich klimatisch günstige Aufenthaltsorte für Wildtiere durch menschliche Siedlungen verdrängt wurden. Dies führt vor allem dann zu „Wildschäden", wenn bei Baumaßnahmen zu Verkehrswegen oder auch der Ausweisung von Baugebieten die natürliche Lebensraumvernetzung nicht berücksichtigt wird.
Darüber hinaus zerschneiden Straßenbaumaßnahmen und die Ausweisung von Bebauungsgebieten nicht nur Lebensräume, sondern können auch zu Zwangswechseln führen. Die Wildforschungsstelle Nordrhein-Westfalen wurde in den vergangenen

Auflaufschaden nach Frost. Präzise Beobachtung und regionale Kenntnisse sind Voraussetzung, diese Schäden zu erkennen.

TIPP
Bei Schäden an Pflanzen ist immer auch an Pflanzenkrankheiten und Spritzmittelschäden zu denken. Infektionskrankheiten zeigen sich an Pflanzen häufig durch Verfärbungen. Dies gilt sowohl für krautige Pflanzen als auch für Sträucher und Bäume.

Jahren wiederholt um Beratung gebeten, wenn z. B. aufgrund von Zwangswechseln, die durch Straßenneubauten entstanden, das Schwarzwild plötzlich den ursprünglich parallel zur Straße verlaufenden Wechsel durch die Gärten der Anlieger verlegt hatte.

INFORMATIONSBESCHAFFUNG IM VORFELD

Beschaffen Sie sich vor einer konkreten Schadensaufnahme vor Ort immer einige relevante Informationen. Wie verlief die Witterungsentwicklung in den zurückliegenden Wochen und Monaten? Welche Anbauformen sind in dem fraglichen Gebiet üblich? Welche Wild- und Haustiere kommen dort vor?

SCHADENSBILDER IN DER FLÄCHE

Einen allerersten Hinweis gibt bereits die Verteilung der Schäden in der Fläche. Streng geometrische Formen und starke Übergänge weisen in der Regel auf einen technischen Schaden hin, z. B. durch den Ausfall einer Maschine. Staunässe und Frost können kleinflächig zu Mindererträgen führen, die dann fälschlicherweise als Wildschäden gedeutet werden. Die Verteilung von Schäden entlang eines Gradienten und unregelmäßige Übergänge weisen eher auf einen durch Pflanzen und Tiere verursachten Schaden hin.

01

02

03

04

05

06

07

TYPISCHE BILDER

Abbiss oder Fraßspuren sind deutliche Indikatoren für Schäden durch Tiere. Wenn sie plötzlich in der gesamten Fläche oder auf einer größeren Fläche sehr einheitlich auftreten, kann dies ein Hinweis auf Mäuse sein. Sind dagegen die Schäden auf der Fläche nicht gleichmäßig verteilt, weist dies auf Vögel oder Säugetiere hin.
Gradienten der Beäsung, die von einem Gebüsch ausgehen, sind ein Indiz für Kaninchen. Dies kommt vor allem dann vor, wenn rund sechs Meter breite Brombeerstreifen entlang von Wegeparzellen die Felder unterteilen. Schadbilder, die von Gewässern ausgehen, weisen auf Gans, Teichhuhn oder auch Bisam, Nutria und Biber hin.

GESAMTUMSTÄNDE BETRACHTEN

Sinnvoll ist es stets, die Umstände insgesamt zu berücksichtigen. In der Fläche verteilte

01 Wildkaninchen in Deckungsnähe

02 Kaninchenrückzugsgebiet Brombeerhecke – im angrenzenden Winterweizenfeld ein charakteristisches Fraßbild

03 Schadbilder durch Nutria gehen immer von Gewässern aus.

04 Als Pflanzenfresser nutzen Nutrias die gleichen Pflanzengemeinschaften wie auch andere Arten.

05 Biberschäden gehen ebenfalls von Gewässern aus.

06 Biberschäden in Maisfeldern können erheblich sein. Ein weiteres Problem für den Bewirtschafter ist der Anstau von Gewässern.

07 Gefällte Bäume – hier eine Roterle, aber Biber machen auch vor Buchen nicht Halt – lassen sich in der Regel eindeutig zuordnen.

Am Verursacher dieser großflächigen Schäden gibt es keinen Zweifel: Schwarzwild.

große Schadflächen sind Hinweise auf Schwarzwild. Lineare Strukturen geben dagegen eher Hinweise auf Rehe und Fasan. Verbiss durch Feldhasen ist über die Fläche verteilt. Da der Hase überwiegend im Sitzen äst, entstehen Abbissfelder mit einem Durchmesser von knapp einem Meter, die von der Form her an einen überdimensionierten Tennisschläger erinnern. Das Aussehen einer Fläche allein reicht natürlich zur sicheren Identifikation noch nicht aus. Hier gilt es dann, ins Detail zu gehen.

GEBISSE UND SCHNÄBEL

Die von den Tieren hinterlassenen Spuren hängen nicht nur von der Größe des Tieres ab, sondern vor allem auch von der Abbisstechnik, die wiederum von der Morphologie und Anatomie von Gebiss und Schnabel bestimmt wird. Das Schaubild unten bietet eine Orientierung zur Ansprache.
Auch wenn eine gesetzliche Erstattungspflicht nur für wenige Wildarten besteht, ist es in jedem Fall erforderlich, die Art konkret anzusprechen – nicht nur, um Verwechslungen von Verbiss durch Schalenwild und den entsprechenden Haustieren auszuschließen, sondern auch, weil Wildschäden vielfach Anlass zu Anträgen auf Schonzeitaufhebungen sind, gerade auch für die Arten, für die ein Erstattungsanspruch von Wildschäden nicht besteht.

Vorkommende Wildarten, Haustiere

Verteilung der Schäden

Gradientenmäßig, unregelmäßige Übergänge: biotischer Schaden

Streng geometrische Formen, starke Übergänge: techn. Schaden

Verfärbungen an den Pflanzen: Infektionen

Abbiss oder Fraßspuren: Schäden durch Tiere

Pflanzenkrankheiten

Plötzlich in der gesamten Fläche: Mäuse

Auf der Fläche verteilt, jedoch nicht gleichmäßig überall: Vögel und Säugetiere

Fraßschäden

Gradienten
— vom Gebüsch ausgehend: Kaninchen
— von Gewässern ausgehend: Gans, Teichhuhn, Bisam, Nutria

(Weitere Umstände beachten)

Verteilung in der Fläche:
— große Flächen, geklumpt: Schwarzwild
— lineare Spuren: Rehe und Fasan
— ovale Spuren: Hase

Die Verteilung der Schäden gibt erste Hinweise auf die Verursacher.

SCHADENSANSPRACHE AN BÄUMEN UND STRÄUCHERN

VERBISS

Bei einer konkreten Ansprache von Verbissschäden kann aus Gründen der Sicherheit nur derjenige Verbiss Berücksichtigung finden, der vom Aufnahmezeitpunkt zurückgerechnet eine Zeitspanne einschließlich der zurückliegenden Vegetationsperiode erfolgt ist. Eine Schadensaufnahme im Dezember kann Verbissschäden, die in der Vegetationsperiode des abgelaufenen Jahres eingetreten sind, vermerken, während eine Verbissaufnahme im Frühjahr des Jahres sowohl den Winterverbiss als auch den Verbiss aus der Vegetationsperiode des Vorjahres berücksichtigt. Zeitlich noch weiter zurückreichender Verbiss lässt sich dann allerdings nicht mehr mit der notwendigen Sicherheit identifizieren.

VERBISSHÖHE

Eine sichere Verbissansprache erfordert die Identifizierung der betreffenden Wildart und in jedem Fall die sichere Unterschei-

„Mini-Pflänzchen" unter 10 bis 20 cm Höhe sind in der Regel vor dem Äser der Hirscharten sicher.

WILDARTEN UND VERBISSHÖHE

WILDART	OBERGRENZE BEVORZUGTE ABBISSHÖHE	MAX. ABBISSHÖHE (AUSNAHMEN MÖGLICH)
Rotwild	90 cm	160 cm
Damwild	80 cm	140 cm
Sikawild	80 cm	140 cm
Rehwild	70 cm	120 cm
Muffelwild	70 cm	120 cm
Hase/Kaninchen	20 cm	70 cm

Rindenschäden an Kiefer im Rotwildgebiet. Verursacher waren allerdings Schafe.

Buchen mit erfrorenem Laub. Auch Spätfröste führen zu „Verbissformen".

dung, ob es sich tatsächlich um Schalenwildverbiss oder aber Insektenschäden oder Haustierverbiss (Schafbeweidung!) handelt. Einen ersten Hinweis gibt die Höhe der Abbissstelle (s. Tab. S. 39).

Die Werte in der Tabelle sind Orientierungsgrößen. Höhere Abbissstellen werden in Ausnahmefällen erreicht. Beispiele dafür sind Schnee- und Hanglagen und besondere Verhaltensweisen. So drücken Rot- und Damwild, aber auch das Sikawild gelegentlich höhere Pflanzen zwischen den Vorderläufen herunter, um an die Triebspitzen zu gelangen.

Pflanzen unter 10 (20) cm beäsen die Hirscharten normalerweise kaum. Alle Wildarten sind in der Lage, dünnere Haupttriebe zwischen den Äser bei seitlich gehaltenem Haupt zu nehmen und dann durch eine Kopfdrehung um 90° die Hauptachse vorübergehend zu knicken. Der Abbiss erfolgt im Spitzenbereich. Die „Knickstelle" ist als Verwundung später sichtbar.

AUCH FROST „VERBEISST"

Zu prüfen ist stets, ob der Schaden nicht vielleicht durch Haustiere, Mäuse, Insekten oder Witterungseinflüsse bzw. andere Ursachen entstanden ist. So ist das Fehlen von Knospen und Trieben allein noch kein Nachweis eines Wildverbisses. Spätfröste können bei bereits im Erstfrühling austreibenden Bäumen wie der Rotbuche zu Frostschäden führen, erkennbar an den erfrorenen, nach dem Absterben braunen Blättern. Bei wiederholtem Auftreten führen diese Verluste zu einem Erscheinungsbild, das Verbissformen sehr ähnlich sieht, also zu einem typischen „Verbisshabitus". Als Regel gilt: Wenn keine Verbisszeichen zu erkennen sind, handelt es sich auch nicht um Verbiss.

Hornissen beißen die Rinde (hier Vogelbeere) durch – ihr Ziel: die zuckerhaltigen Saftströme.

SCHALENWILD

Hinweise auf die Wildart, die den Baum verbissen hat, ergeben die Höhe und Form der Abbissstelle, eventuell vorhandene Zahnspuren, Fährten, Spuren und Losung am Ort sowie direktes Beobachten.

Die aufgenommene Nahrung wird vom Schalenwild vorwiegend abgerupft und, wo dies nicht möglich ist, wie z. B. bei stärkeren Ästen, seitlich mit den Backenzähnen abgekaut. Die Form der Abbissstelle ist daher gequetscht. Charakteristisch ist ein faseriger Rand, der im Allgemeinen gerade und rechtwinklig zur Triebachse verläuft. Bei stärkeren Trieben bzw. Winterverbiss ist der faserige Rand gut zu erkennen.

Werden sehr weiche Triebe verbissen, z. B. die Maitriebe der Fichte, fasert der Rand der Abbissstelle deutlich weniger aus, die Stelle ist jedoch stets erkennbar. Bei dünnen Trieben bzw. weiter zurückliegendem Verbiss (z. B. Ansprache von Maitriebverbiss im Dezember des gleichen Jahres) hilft eine Lupe.

SCHWARZWILDVERBISS

Im Gegensatz zur landläufigen Auffassung, verbeißt auch Schwarzwild. Zum Kesselbau werden auf Flächen von rund 25 Quadratmetern daumendicke Haupttriebe in etwa 50 cm Höhe abgebissen. Das Herausziehen von Jungpflanzen durch Wildschweine auf der Suche nach Mäusenestern ist in der Regel jedoch gravierender.

Unterschätzt wird oft der Verbiss durch Schwarzwild zur Nahrungsaufnahme. Hierzu zählen das Abstreifen des frischen Laubes in Verbindung mit dem Abbiss dünnerer Zweige im Vollfrühling und das Verbeißen bis zu daumendicker Bäumchen, das auf armen Standorten bis zur Auflösung einer flächig vorhandenen Buchennaturverjüngung führen kann.

HASE UND KANINCHEN

Durch die Nagezähne entsteht eine schräg – insbesondere beim Feldhasen etwa im 45-Grad-Winkel – verlaufende, glatte Abbissstelle. Je nach Struktur der Rinde bleibt allenfalls ein kurzer Rand stehen. Die Abbissstelle sieht so aus, als sei der Trieb mit dem Taschenmesser abgeschnitten.

Wildkaninchen Abbissstellen des Kaninchens verlaufen tendenziell stärker senkrecht zur Wuchsrichtung, da diese Wildart

Schalenwildverbiss an Fichte, senkrecht zur Wuchsrichtung

Charakteristische Abbissstelle durch Schalenwild (Rotwild) an Wald-Engelwurz

Verbiss an einem Bergahorn

Knäuelgras, vom Feldhasen beäst. Bei krautigen Pflanzen mit fester Struktur gleicht die Abbissstelle derjenigen an Holzgewächsen.

Winterweizen: Kaninchen beißen im Vergleich zum Hasen eher etwas quer zur Wuchsrichtung sowie tiefer und vollständiger ab.

die Pflanzen gründlicher bis zum Boden abbeißt, als es der Feldhase tut. Kaninchenschäden konzentrieren sich in der Nähe der Baue, z. B. an Waldrändern, in der Nähe von Kiesgruben etc. Mit zunehmender Entfernung vom Bau nimmt die Verbissintensität ab.

Feldhase Verbiss durch Hasen ist über die gesamte Fläche verteilt. In kleineren Waldgebieten inmitten landwirtschaftlich genutzter Umgebung erreicht der Hasenverbiss häufig die Hälfte des gesamten Verbisses. Dies unterstreicht die Notwendigkeit, Verbiss durch Hasen und Schalenwild im Hinblick auf die Abschussplanung zu unterscheiden.

Losung Zusätzliche Hinweise zur Unterscheidung zwischen Verbissschäden durch Feldhasen und durch Wildkaninchen gibt

Charakteristische Abbissstelle des Feldhasen an einer Rotbuche

SCHWARZWILD KANN „BÄUME AUSREISSEN"

Neben Laubfraß und dem Verbeißen von Jungwuchs zieht Schwarzwild unter Umständen auch ganze Bäumchen heraus. Auf bestimmten Böden (Buntsandstein, Sand) ist davon auch die Naturverjüngung betroffen, auf festeren, felsigen Böden wie Schiefer und Quarzit betrifft das nur die gepflanzten Jungbäumchen. Anschließend nehmen die Sauen z. B. von Jungbuchen den Spross und Teile der Wurzel oder auch nur die Wurzel. Gewählt werden die nährstoffreicheren Teile der Pflanze: Im Sommer liegt der Schwerpunkt auf Blättern und Spross, von Herbst bis Frühjahr auf den Wurzeln (Assimilatspeicher).

neben Spuren die Losung. Die einzelnen Losungsbeeren des Kaninchens sind kleiner als die des Hasen und liegen zudem in größeren Haufen zusammen.

MÄUSE

Verbiss durch Mäuse lässt sich an den Zahnspuren identifizieren. Die Breite eines Zahnpaares beträgt bei den Mäusen höchstens zwei Millimeter und ist damit deutlich geringer als bei den anderen infrage kommenden Wildarten. Das Abfressen von Baumwurzeln durch Wühlmäuse kann zum kompletten Ausfall der Pflanze führen. Noch einmal: Die Ansprache wird erleichtert, wenn der Beurteilende sich über die im Gebiet vorkommenden Wildarten und auch Haustiere informiert hat.

SCHÄLE

Schalenwild/Huftiere Huftiere schälen sowohl im Wurzelbereich als auch am Stamm eines Baums. Bei der Winterschäle lösen sie die Rinde mit den Schneidezähnen im Unterkiefer in kleinen Abschnitten vom Stamm, sodass die Zahnbreite zu erkennen ist. Bei der Sommerschäle reißen sie Rindenstreifen mit den Schneidezähnen im Unterkiefer und der Gaumenplatte von unten nach oben ab, sodass die Rinde oben ausreißt.

Mäuse und Eichhörnchen Wühlmäuse, Erd- und Schermäuse und Eichhörnchen nagen die Baumrinde ab. Mäuse lassen sich an den Zahnspuren als Verursacher erkennen.

AKTUELLE SCHÄLE UND „ALTSCHÄLE"

Als aktuelle Schäle wird die Schäle aus dem vorangegangenen Jahr aufgenommen. Sie ist an der helleren Farbe des Holzes, Harzfluss und noch fehlender Regeneration des Baumes anzusprechen. Regenerationsleistungen

Haselnussschalen mit Spuren der winzigen unteren Schneidezähne einer Waldmaus

können nur in der Vegetationsperiode, nicht aber während der Vegatationsruhe einsetzen. Steht die Wildschadenserstattung im Vordergrund, sind die Meldefristen zu beachten. Frische Schälwunden an bereits früher geschälten Bäumen („Altschäle") werden als aktuelle Schäle aufgenommen, wenn es darum geht, das Schälprozent zu einer allgemeinen Einschätzung zu erfassen. Geht es um die Erstattung von Wildschäden, werden bereits früher geschälte Bäume nicht aufgenommen, da die Möglichkeit zum schadenverursachenden Pilzeintritt bereits früher bestanden hat.

FEGE- UND SCHLAGSCHÄDEN

Von der Schäle zu unterscheiden sind Schlag- und Fegeschäden (s. S. 47 ff.). Bei Ersteren dienen Pflanzen gewissermaßen als „Kampfpartner", Fegeschäden entstehen beim Entfernen der Basthaut vom Geweih. Die Rinde wird „sekundär" dann auch bei diesen Entstehungsursachen aufgenommen. Im Zusammenhang mit der Wildschadensfrage geht es aber in erster Linie um das Schälen durch die Wiederkäuer – wenn es um die Frage der Erstattung geht, müssen andere Tierarten sicher ausgeschlossen werden.

Winterschäle an Fichte durch Rotwild

Wisent-Winterschäle im selben Bestand

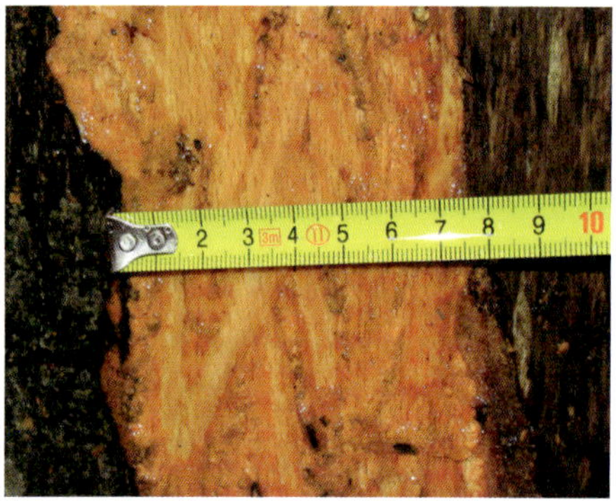

Zahnspuren des Wisents an Rotbuche

Rotwildzahnspuren an Bergahorn

Steht im Rahmen eines regelmäßigen Monitorings die generelle Beurteilung der Schälsituation im Vordergrund, werden nur bei der Erstaufnahme die aktuelle Schäle und die Altschäle aufgenommen. Zu Monitoringzwecken eignen sich zur Aufnahme vor allem die Monate August und September.

HINWEISE

Höhe und Größe der Schälwunden, Zahnspuren und deren Breite an der Schadstelle sowie Fährten und Losungen am Ort geben Hinweise auf die verursachende Wildart. Die Zahnspurbreite beträgt z. B. bei der Schäle durch Rotwild vier bis sieben Millimeter, bei Wisenten liegt sie in der Größenordnung von sechs bis zehn Millimetern. Außer breiteren Zahnspuren sind charakteristisch für die Wisentschäle deutlich größere Schälstellen als die etwas kleineren und eher länglichen des Rotwilds. Wisente schälen deutlich stärkere Stämme und diese vielfach auch rundum. Rehwild schält in der Regel nicht. Im Einzelfall empfiehlt es sich, die Zahnspurbreiten fotografisch zu dokumentieren. Neben dem Schalenwild können auch Wildkaninchen und Feldhase schälen. Außerdem tun dies auch Mäuse.

SCHÄLHÖHE

Die Höhe der Schälwunden gibt einen ersten Hinweis auf die Wildart, reicht allein jedoch für eine Zuordnung nicht aus.

WILDARTEN UND SCHÄLHÖHEN

WILDART	TYPISCHE SCHÄLHÖHE
Wisent	80–160 cm
Rotwild	80–140 cm
Damwild	50–100 cm
Sikawild	30–90 cm
Muffelwild	40–80 cm

Wenn sich die Rinde leicht lösen lässt, wie es bei der Sommerschäle der Fall ist, reicht die Schäle oft deutlich höher als in der Tabelle angegeben. Bei leicht ablösbarer Rinde

Zwei Wildarten haben an der Fichte geschält: Muffelwild unten und oben Rotwild.

Rotwild-Sommerschäle in blickdichtem Fichtenbestand

kann das Ausreißen von Rindenstücken im Sommer bis zu Höhen von über drei Metern führen.
Kommt es zur Schäle durch Rotwild in sichtdichten, äsungslosen Beständen, sind sie häufig Ausdruck des Feindmeideverhaltens dieser Wildart, also durch Störungen im Lebensraum provoziert.

SPEZIALFALL RAMMEN

Eine Besonderheit zeigt das Muffelwild: Es rammt mit den Schnecken gegen Baumstämme – diese Schäden werden den Fege- und Schlagschäden zugeordnet – und schält anschließend im Bereich der dadurch entstehenden stumpfen Verletzungen am Stamm. Für diese Schälwunden ist charakteristisch, dass sie nebeneinander in gleicher Höhe am Stamm und im Abstand der Schneckenwülste zu finden sind.

SOMMER- UND WINTERSCHÄLE

Die Sommerschäle geschieht in der Zeit vom Erstfrühling bis zum Vollherbst, die Winterschäle in der Zeit der Vegetationsruhe. Fast nur im Sommer wird die Buche geschält. Gerade in Feisthirscheinständen

ist die Sommerschäle in vielen Rotwildgebieten ein Problem.
Bei der Sommerschäle wird die Rinde in großen Streifen von unten nach oben abgerissen (s. S. 43 u. Fotos S. 45), bei der Winterschäle wird sie abgenagt bzw. abgeschabt. Infolge des Klimawandels hat sich insbesondere das Frühjahr nach vorne verlagert. Dies führt je nach den Temperaturverläufen in den einzelnen Waldbeständen dazu, dass am selben Stamm dem Bild nach nahezu zeitgleich entstandene Sommer- und Winterschäle auftreten können.

TIPP

Gleiche Stammverletzungen wie bei der Sommerschäle können auch durch Holzeinschlag im Sommer entstehen – zu fast identischen Schadbildern mit anschließender Fäule führen mitunter Rückeschäden. Berücksichtigt werden in jedem Fall eindeutig identifizierte Schälstellen ab der Größe einer Zwei-Euro-Münze aufwärts.

Muffelwidder rammen mitunter Bäume und schälen dann die Rinde im Bereich der entstandenen Wunden.

Winter- und Sommerschäle nebeneinander an einem Bergahorn – Folge der Klimaerwärmung

GEFÄHRDUNGSZEITRAUM

Für die einzelnen Baumarten sind bestimmte charakteristische Altersbereiche, in denen sie schälgefährdet sind, kennzeichnend.

SCHÄLGEFÄHRDUNGS-ZEIT NACH BAUMARTEN

BAUMART	GEFÄHRDUNGS-ZEITRAUM
Fichte	10–45 Jahre
Douglasie	8–25 Jahre
Kiefer	5–12 Jahre
Lärche	4–8 Jahre
Buche	15–50 Jahre
Esche	6–35 Jahre

Ergänzend zu den Angaben in der Tabelle oben ist zu erwähnen, dass beim Einsatz von Geweih und Hörnern auch Stämme bis in das Baumholzalter hinein geschält werden können, z. B. bis zu 120-jährige Buchen. Beim Rotwild ist dies aber stets eine Ausnahme, während solche Schälschäden bei den Wisenten häufig vorkommen.

Großflächige Schäle in Obstbaumkultur durch Feldhasen bei Schnee

VERURSACHER KANINCHEN, FELDHASE UND MÄUSE

Auch Kaninchen, Feldhase und Mäuse können die Rinde von Bäumen und Sträuchern vollständig abnagen. Das geschieht im Winter, sodass die Zahnspuren klar zu erkennen sind. Da die Baumrinde hier den Charakter einer Notnahrung hat, treten diese Schälen nur bei höheren Schneelagen auf. Die Schäle durch Mäuse umfasst in der Regel nicht den gesamten Stamm und lässt sich anhand der wesentlich kleineren Zahnspuren erkennen. In der Praxis spielt das Abnagen von Obstbaumrinde durch den Feldhasen eine Rolle.

WER FEGT WANN?

WILDART	ZEITRAUM DES FEGENS
Rothirsch	ab Juli
Sikahirsch	ab Mitte Juli
Damspießer	ab Mitte Juli
Damhirsch	ab Anfang August
Rehbock	Mitte März bis Anfang Mai

FEGE- UND SCHLAG-SCHÄDEN

Fegeschäden entstehen durch das Fegen des Geweihs, um den Bast von den Stangen zu entfernen und bei der Markierung der Territoriumsgrenzen durch den Rehbock. Zu Schlagschäden kommt es, wenn Bäume als „Gegner" gewählt und mit dem Geweih bearbeitet werden.

Schlagschäden treten vor allem in zeitlichem Zusammenhang zur Brunft bzw. Blattzeit der jeweiligen Wildarten auf, nicht selten kurz danach.

Zur Gruppe der Fege- und Schlagschäden werden außer dem eigentlichen Fegen und Schlagen auch das Einritzen der Baumrinde mit dem Geweih gezählt – dies geschieht vor allem durch Sikawild, aber nicht nur – sowie Rammschäden durch Muffelwild (s. S. 45) und Wisent.

KRAUTIGE PFLANZEN, FELDFRUCHTSCHÄDEN, NUTZTIERSCHÄDEN

Verbisszeichen und Schadzeichen bei krautigen Pflanzen sind im Unterschied zu den Holzgewächsen nur für eine kürzere Zeit klar zu erkennen. Eine sorgfältige Aufnahme und eine Differenzierung nach Tierarten sind auch hier erforderlich. Zu erstatten sind wieder nur Wildschäden durch Schalenwild, Kaninchen und Fasane, sofern nicht weitere Wildarten in den Pachtvertrag aufgenommen sind.
Insbesondere Wildschäden in der Landwirtschaft sind häufig Anlass zu Anträgen auf Schonzeitaufhebungen. In diesen Fällen geht es immer um eine sorgfältige Abwägung und den Konflikt zwischen dem Elterntierschutz nach§ 22 (4) BJagdG und möglichen Schäden – in jedem Fall ist daher auch dann eine exakte Ansprache zwingend. Eine genaue Beobachtung hilft hier bei der Zuordnung.

FRUCHT- UND WILDARTEN

HAFER

Rotwild beißt im Haferfeld häufig nur die Rispen ab, sodass der Schaden wesentlich weniger auffällt als bei einem Schaden durch Schwarzwild. Auch bei einer intensiven Beäsung von Rapsfeldern wird in der Regel die Bodenstruktur nicht großflächig verändert. Ist Schwarzwild mitbeteiligt, zeigt sich der Wildschaden deutlich ausgeprägter.

MAIS

Der Mais ist bei allen Tieren von den Meisen und den Mäusen bis zum Bullen attraktiv. Dies erfordert in der Praxis ein genaues Hinschauen. Mais bietet im Sommer und Herbst eine ausgezeichnete Deckung. Dies

01

02

03

04

05

06

07

01 Haferfeld zur Milchreife, vom Rotwild beäst

02 Von Rotwild abgebissene Haferrispe

03 Maispflanzen, beäst von Damwild

04 Maiskolben, von Kohlmeisen angepickt

05 Maiskolben mit von Rabenkrähen aufgeschlitzten Lieschen

06 Intensiv von Rotwild beäster Raps im Winter. Diese Pflanze regeneriert ausgesprochen gut.

07 Raps im Winter mit normaler Wuchshöhe

08 Rapsfeld im März mit großflächigem Schaden durch Rot- und Schwarzwild

08

01

02

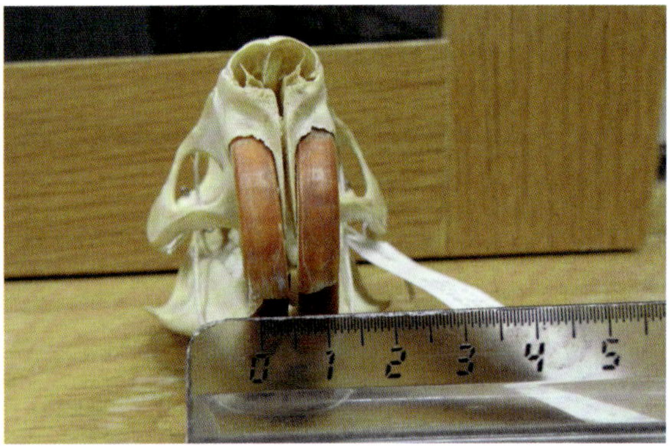

03

04

01 Zuckerrübe mit Nagespuren des Feldhasen

02 Nutriafraß und Zahnspur(breite) an einer Zuckerrübe

03 Nutriazähne

04 Bei Trockenheit vom Fasan angepickte Rübe

05 Eichblattsalat: In solchen Feldern können schon recht geringe Schäden die Absetzbarkeit der Ernte gefährden. Im Umfeld von Ballungsräumen leidet der Gemüseanbau auch unter Haustauben.

06 „Spurensicherung" im Gehege: von Graugänsen angefressener Apfel

07 Wirsing, von Tauben befressen und zusätzlich stark verkotet

08 Die Blattgefäße robusterer Pflanzen lassen Tauben auch bei intensiver Beäsung stehen.

09 Kopfsalat mit Taubenfraßspuren nur an den Blatträndern, dazu Taubenlosung (l., oberh. Bildmitte)

heißt aber auch: Der Aufenthalt im Maisfeld bedeutet nicht unbedingt, dass von den Wildarten, die das Feld als Deckung nutzen, hoher Wildschaden ausgeht:

— Rehe nutzen Maisfelder vielfach als Deckung und äsen im Umfeld.
— Kohlmeisen picken die Körner am Kolben an.
— Rabenkrähen schlitzen die Lieschblätter auf.

TIPP

Zur Vermeidung von Feldhasenschäden an Zuckerrüben bietet sich eine praktische Lösung an: Wird das Vorgewende z. B. mit tief wurzelndem Rotklee eingesät, erschließen die Pflanzen den Hasen das Wasser, sodass das Wild nicht auf die Rüben angewiesen ist.

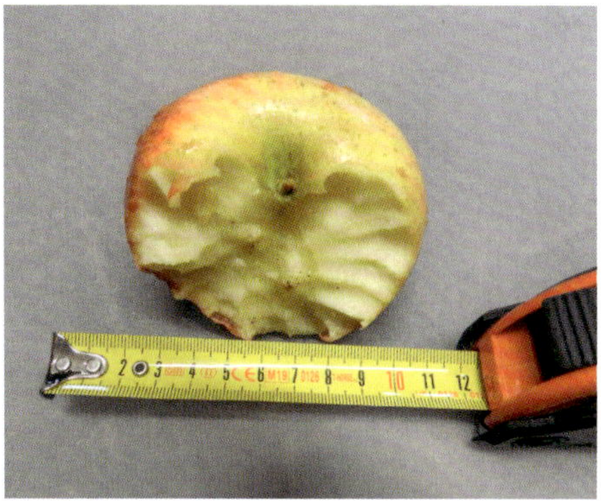

06

05

09

07

08

— Bereits in der Phase des Legens nehmen Sauen und auch Vögel die Körner auf.
— Während des Heranwachsens kann Mais wie alle Gräser „normal“ beäst werden.

ZUCKERRÜBEN

Zuckerrüben liefern Nahrung und Wasser. In der trockenen Jahreszeit beißen auch Feldhasen die Rübenkörper an, um Feuchtigkeit aufzunehmen. Bei starker Trockenheit picken auch Fasane die Rübenkörper an.

IN GEWÄSSERNÄHE UND TAUBENSCHÄDEN

Im nahen Umfeld von Gewässern können Schäden durch Nutria auftreten, aber auch durch Gänse. Bei der Ansprache hilft hier ein Vergleich vom Spurenbild an den Pflanzen mit den Zähnen.
Tauben fressen bei Salaten häufig nur die Blattränder an. Der Wildschaden wird hier nicht nur durch den Verlust an Pflanzenmasse, sondern vor allem auch durch die mit

Die Rupftechnik des Rindes ist die Ursache für die auf Weiden erkennbar feine Struktur.

Pferde können sehr filigran abbeißen, wie hier die durch Dornen geschützten Triebe des Weißdorns.

der Verkotung einhergehende Entwertung bestimmt. Die klassischen Gemüseanbauregionen liegen häufig im Umfeld der Ballungsräume, sodass die Ansprache der Schäden zusätzlich erschwert wird, weil im Einzelfall auch zwischen der Ringeltaube und der Haustaube zu unterscheiden ist. Haustauben dürfen auch zur Schadenverminderung nicht bejagt werden, sodass sich in diesen Fällen die Frage der Schonzeitaufhebung für Ringeltauben gar nicht stellt. Eine gute Hilfe für das Spurenstudium bei der Nahrungswahl bieten gezielte Versuche mit den Tierarten im Gehege. Nicht zuletzt werden die charakteristischen Zeichen und Spuren auch durch die Größe der Tiere bestimmt.

SCHÄDEN DURCH HAUSHUFTIERE

Unter den in Deutschland gehaltenen Nutztieren, zu denen Haushuhn, Hausente und Hausgans, Bienen, Rinder, Schafe und Ziegen gehören, sind hinsichtlich einer Verwechslung der von ihnen hinterlassenen Spuren mit Wildschäden die Arten von Interesse, die tatsächlich draußen und im Lebensraum der Wildtiere leben. Dies kann im Rahmen einer Weidehaltung der Fall sein oder weil sich Nutztiere dem Menschen vorübergehend entzogen haben.

WEIDEHALTUNG – GRUNDSÄTZLICH POSITIV

Grundsätzlich ist eine Weidehaltung sowohl aus Gründen des Tierschutzes und der Tierhaltung als auch des Wildlebensraumes zu begrüßen – nicht zuletzt, weil sich die einzelnen Wiederkäuertypen komplementär verhalten: Rinder, Rotwild und auch Damwild können gut gemeinsam dieselbe Weide benutzen. Wichtig ist dann allerdings, dass über Tiertransporte keine Infektionskrankheiten eingeschleppt werden.

Die ursprünglich große Vielfalt an Nutztierrassen ist in den vergangenen 150 Jahren erheblich zurückgegangen. Die Orientierung der Tierproduktion an industriellen Standards hat zu einer Einengung auf nur wenige Hochleistungsrassen geführt. Der Erhaltung gefährdeter Rassen, nicht zuletzt auch als Genressourcen, dienen heute sogenannte Erhaltungszuchten. Doch auch heutige Hochleistungsrassen sind zumindest als Jungtiere durchaus in der Lage, über längere Zeiten draußen, d. h. auch im Wald, ohne regelmäßige menschliche Betreuung zu leben und überleben, wie die alljährlichen Berichte über verwilderte und nicht mehr einzufangende Rinder belegen.

Rinder können eine hohe Eigenständigkeit entwickeln. Ist der Zaun nicht hoch genug und fehlt Kontakt zum Menschen, sind sie fähig, auch längere Zeit außerhalb der Weide zu stehen.

RINDER, PFERDE, SCHAFE

In Deutschland existieren aktuell rund elf Millionen Rinder in 130 000 Betrieben, davon leben weit über 80 Prozent im Stall. Rinder sind sozial hochentwickelte Herdentiere. Wenn Jungvieh im Sommer ganztägig auf der Weide gehalten wird und den Kontakt zum Menschen nur über die täglichen oder auch wöchentlichen Kraftfuttergaben behält, entwickeln die Gruppen eine ganz eigene Dynamik. Ein ähnlicher Effekt kann auch bei extensiver Haltung von Robustpferden im Übergangsbereich zum Wald auftreten.

Bei Schafherden ist die Anzahl der Tiere größer als die auf einer Weide gehaltener Rinder oder Pferde; die räumliche Steuerung der Beweidung durch Schafe und die Auswahl der Plätze für deren Nachtpferche (s. auch S. 54) spielen eine Rolle bei der Entstehung nicht beabsichtigter Spuren an der Vegetation.

FELDSCHÄDEN

Als Wiederkäuer haben Rinder und Schafe im Oberkiefer keine Schneidezähne. Die Technik des Abrupfens führt zu einer auch in der Vegetation erkennbaren Struktur. Pferde können mit ihren Schneidezähnen sehr gut und auch sehr filigran abbeißen. Schäden an Feldfrüchten lassen sich vergleichsweise leicht zuordnen. Das ist eine Folge der kurzen Anmeldefrist von einer Woche und einer zumindest alle vier Wochen durchgeführten Feldkontrolle, die im Rahmen der guten fachlichen Praxis selbstverständlich sein sollte. Die Spuren sind theoretisch also höchstens fünf Wochen alt und damit einfacher einzuordnen als nach einem Zeitraum von einem halben Jahr, der unter Umständen einer Erfassung von Schäden im Wald vorausgegangen ist. Rinder nutzen Feldfrüchte sehr robust, sodass die Urheber in der Regel vergleichsweise einfach anzusprechen sind.

SCHÄDEN IM WALD

Bei Schäden im Wald durch Haustiere empfiehlt sich eine zeitnahe Aufnahme, die halbjährlichen Meldefristen für Wildschäden im Wald zum 1. Mai und zum 1. Oktober können je nach den vorkommenden Wildarten und den Haustieren die Differenzierung erheblich erschweren.

So sind Schälschäden an Bäumen bei ihrer Erfassung unter Umständen schon einige Monate alt. Tritt Schäle durch Schafe in Muffelwildgebieten auf, müssen daher bei der Zuordnung alle Randbedingungen dokumentiert werden.

„(Wild-)Schäden“ durch Haustiere im Wald können durchaus ortsnah auftreten, wenn

Feldulme – von Hausschafen geschält

Notizbuch hinter der Abbissstelle als Fokussierhilfe

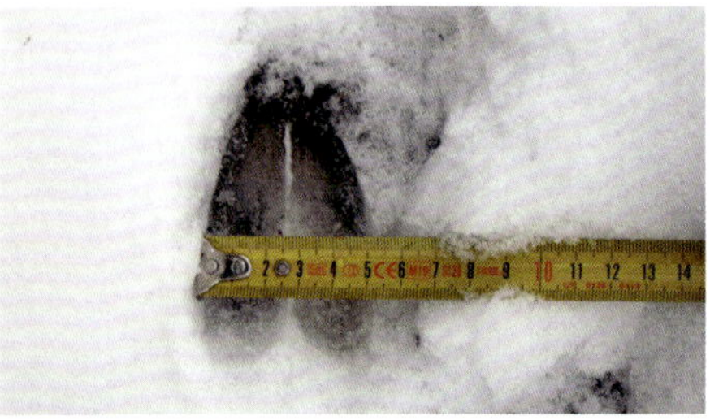

Gelbe Maßstäbe gewährleisten fast immer ausreichend Kontrast und gute Ablesbarkeit.

z. B. Rinder oder auch Schafe vorübergehend in eine Aufforstung geraten, dann wieder herausgenommen werden und die Fläche nicht unmittelbar nach der „Haustierexkursion" begutachtet wird. Auf regulären Rinderweiden sind Einzelbäume meist geschützt. Im Wald können Rinder zweifellos schälen. Die Schälspuren bewegen sich in der Größenordnung derer des Wisents, d. h. sie sind in der Zahnspurbreite deutlich breiter als beim Rotwild.

HOLZAUGE, SEI WACHSAM!

Bei der Diagnose von Wildschäden in Ortslagen spielt in der Praxis gelegentlich auch die „Nachbarschaftssituation" eine Rolle: Im Sinne des Einvernehmens unter den Jagdgenossen kann der eine oder andere schon einmal in Versuchung geraten, die Verbissschäden an den Fichten, die nebenbei noch als Weihnachtsbäume genutzt werden sollen, nicht dem Rinder haltenden Nachbarn anzulasten, sondern dem nicht vor Ort wohnenden Jagdpächter als Wildschaden durch Rehe zu „verkaufen". – Bei genauem Hinschauen fällt so etwas dann doch auf.

SCHAFE ALS LANDSCHAFTSPFLEGER

Bei Schafen, die zur Landschaftspflege eingesetzt werden, können Schälschäden an Bäumen bei einer entsprechenden Wahl der Nachtpferche auftreten. Hier empfiehlt es sich an erster Stelle, solche Orte nicht für die Wahl der Pferchplätze zu wählen. Lässt sich dies nicht vermeiden, ist es im Interesse der Klarheit ratsam, die Flächen zeitnah nach der Pferchnutzung von Schäfer, Eigentümer und auch dem Wildschadensersatzpflichtigen zu kontrollieren, damit die Frage nach den Ursachen für die Schälschäden nicht erst zum Sommerende geklärt werden muss. Da Schafe und auch Ziegen nicht nur gezielt verbeißen, sondern auch schälen können, werden sie in der Landschaftspflege eingesetzt; dabei ist es jedoch wichtig, dass dies auf den richtigen Flächen geschieht.

SCHÄDEN DURCH HAUSGEFLÜGEL

Wildschäden durch Hausgänse und Hühner sind schon allein wegen der Haltung eher die absolute Ausnahme. Probleme können Schäden im Gemüseanbau durch Haustauben verursachen. Der Schwerpunkt der Gemüseanbaugebiete liegt bei entsprechenden Böden im Einzugsbereich der Ballungsräume, d. h. damit auch im Aktionsraum der Haustauben. Da bei Haustieren mangels Zuordnung keine Tierhalterhaftpflicht greift und diese Tiere auch nicht bejagt werden dürfen, bleibt als Maßnahme nur der Schutz der gefährdeten Flächen.

DOKUMENTATION NICHT IDENTIFIZIERTER SCHADBILDER

Lassen sich Schadbilder nicht eindeutig zuordnen, kann die unmittelbare Beobachtung vor Ort weiterhelfen. Singvögel lassen sich z. B. gut beobachten. Wärmebildkameras können die Beobachtung effektiv unterstützen.

Wildkamera(s)

Eine Wildkamera, bei Bedarf auch mehrere Kameras, sind zur Schadensdiagnose erste Wahl, wenn ein längerer Zeitraum für die Diagnose zur Verfügung steht. Diese Technik kann aber nur dann helfen, wenn sich der Schaden noch weiterentwickelt, d. h. die Tiere z. B. das Feld weiterhin annehmen. Angesichts der Vielfalt an Angeboten und der raschen technischen Fortentwicklung ist eine gründliche Information vor der Anschaffung sinnvoll. Wichtige Kriterien sind u. a.

- eine kurze Auslösezeit,
- die Reichweite,
- der zeitliche Abstand zwischen mehreren Aufnahmen und
- die Möglichkeit zur Online-Übertragung.

Die Wildkamera wird gut getarnt in hinreichender Nähe zu den entstehenden Schäden positioniert und ausgerichtet. Wenn immer möglich, empfiehlt sich die Ausrichtung nach Norden: Dort steht die Sonne nie, und so werden störende Lichtreflexe vermieden. Gegen Diebstahl wird die Kamera gesichert und gegebenenfalls von einer Zweitkamera überwacht. Zu beachten ist beim Einsatz von Wildkameras immer der Datenschutz! Rad- oder Wanderwege dürfen nicht erfasst, Personen nicht aufgenommen werden. Passiert es versehentlich doch, werden solche Bilder unverzüglich gelöscht!

Fotodokumentation

Zu den indirekten Beobachtungen zählt die Spurensicherung: In jedem Fall werden die von den Tieren hinterlassenen Hinweise dokumentiert. Hierzu werden Zeichen wie Verbissmerkmale, Zahn- und Schnabelspuren sowie Losung fotografiert. Das Grundprinzip der Fotografie, Objekte auf „Augenhöhe" zu fotografieren, gilt auch für Verbisszeichen – verschiedene Fotos in diesem Kapitel liefern Beispiele. Können Smartphone oder Kamera eine Abbissstelle nicht fokussieren, hält man unmittelbar neben den Abbiss ein Notizbuch oder Ähnliches – aber nichts Spiegelndes! –, sodass der Autofokus den richtigen Bereich scharf stellt. Nach dem Fokussieren der Kamera kann diese „Fokussierhilfe" vor dem Auslösen wieder weggenommen werden. All das gelingt besser, wenn eine zweite Person hilft. Ein Größenvergleich ist mithilfe einer Münze, eines Taschenmessers oder eines Autoschlüssels im Bild möglich. Präziser ist es, einen Maßstab danebenzulegen. Geeignet sind ein Zollstock – diese gibt es auch in Miniausführung – oder ein arretierbares Stahlrollbandmaß. Mit Ausnahme gelber Feldfrüchte wie blühendem Raps gewährleitet ein gelber Maßstab Kontrast und gute Ablesbarkeit unter Feldbedingungen. Praktisch sind auch durchscheinende Kunststofflineale (s. Fotos S. 50 o. r. und u. l.).

METHODIK DER SCHADENS-AUFNAHME

WILDSCHÄDEN IN DER LANDWIRTSCHAFT

Bei der Aufnahme und Bewertung von Wildschäden in der Landwirtschaft wird im Normalfall der Ertrag, bezogen auf die Fläche, zugrunde gelegt. Dabei wird der Schädigungsgrad an den Kulturpflanzen eingeschätzt. Im Unterschied hierzu werden bei Wildschäden in der Forstwirtschaft die geschädigten Bäume, d. h. die Bäume mit Leittriebverbiss oder Schäle, ausgezählt und daraus das Schäl- oder Verbissprozent für die geschädigte Fläche errechnet.
Die Bewertung der Schäden kann entweder auf der Grundlage der geschädigten Pflanzenanzahl oder unter Verwendung entsprechender Tabellenwerte (Schaden pro ha) auf der Grundlage der Fläche erfolgen. – In allen Fällen ist es wichtig, die geschädigte Fläche festzuhalten.

Die exakte Aufnahme des Schadens ist Grundlage für die Wildschadenserstattung, unabhängig davon, ob das Verfahren mit dem gemeindlichen Vorverfahren nach § 35 BJagdG abgeschlossen werden kann oder es zu einem gerichtlichen Nachverfahren kommt. Wichtig sind eine exakte Dokumentation und Quantifizierung der Schäden.

KLÄRUNG IM VORFELD

Schon vor der Schadensaufnahme sind verschiedene Rahmenbedingungen zu klären:

ANMELDEFRIST EINGEHALTEN?

Die Anmeldefrist beträgt nach § 34 BJagdG bei landwirtschaftlichen Schäden eine Wo-

In der Landwirtschaft werden flächenbezogene Ertragseinbußen ermittelt …

… im Wald dagegen die einzelnen geschädigten Bäume gezählt.

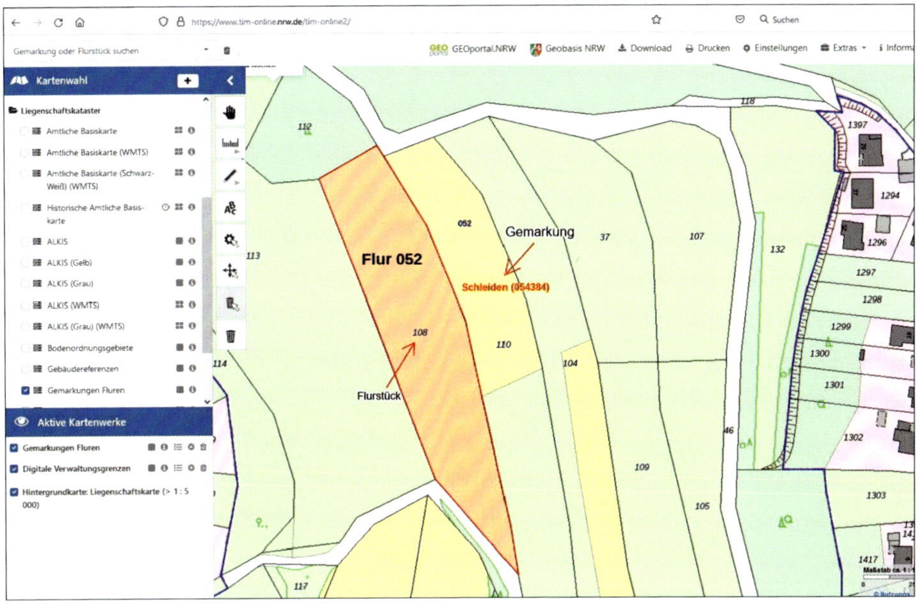

Für Nordrhein-Westfalen können auf „TIM-online" und für andere Bundesländer auf vergleichbaren Internet-Seiten die Flurstücksnummern geschädigter Grundstücke eruiert werden.

che ab Kenntnis des Schadens. Diese Frist gilt auch dann, wenn der Geschädigte bei Anwendung der üblichen Sorgfalt Kenntnis von dem Schaden hätte erhalten müssen oder er aber von Dritten informiert wurde. Felder, die erfahrungsgemäß wiederholt von Wildschäden betroffen sind, müssen regelmäßig auf neue Wildschäden überprüft werden. Fortlaufende Schäden erfordern eine Anmeldung von Woche zu Woche, ansonsten genügt es, einmal im Monat die Flächen zu begehen. Das im Serviceteil des Buches (S. 146) beispielhaft abgedruckte nordrhein-westfälische Musterformular „Anmeldung Wild-/Jagdschaden" (Anlage zu § 34 LJG-NRW) enthält die zu einer ordnungsgemäßen Anmeldung auch in anderen Bundesländern erforderlichen Angaben.

IST ES EIN WILDSCHADEN UND IST ER ERSATZPFLICHTIG?

Zunächst einmal ist nicht alles, was nicht wächst, ein Wildschaden. Liegt ein tatsächlicher Wildschaden vor, ist Voraussetzung für dessen Ersatzpflicht, dass er durch Wild-

FLÄCHENINFO – NAVIGATION IN TIM-ONLINE (NRW)

1. Im Dropdown-Menü ›Einstellungen‹ ggf. Häkchen bei ›Navigation‹ setzen
2. Kartenausschnitt vergrößern
3. Kartenwahl ⇒ Liegenschaftskataster NRW ›Gemarkungen‹ und ›Fluren‹ setzen
4. Angaben in Karte ablesen
5. In Dropdown-Menü Gemarkung oder Flurstück anwählen ⇒ Zahlen eingeben.

Details sind auch unter Hilfe (Kurzanleitung) zu finden!

kaninchen, Fasan oder Schalenwild und – eher die Ausnahme – im Pachtvertrag gegebenenfalls aufgenommene Wildarten verursacht wurde. Die verursachende Art ist konkret zu benennen: Der Begriff „Schalenwild" ist zu unpräzise, da es sich dabei auch um Schäden durch Haushuftiere wie Schafe und Ziegen handeln könnte.

Geht es um große Flächen, können Drohnen eine wertvolle Hilfe sein.

AUSRÜSTUNG FÜR DIE WILDSCHADENSSCHÄTZUNG

- ☐ Formular zur Aufnahme
- ☐ Fotoapparat oder Smartphone
- ☐ Zollstock oder Stahlbandmaß (feststellbar)
- ☐ Dreieck mit zwei Metern Seitenlänge, Feldzirkel oder Rollrad
- ☐ Drohnen (für großflächige Aufnahmen)
- ☐ Taschenrechner oder Smartphone mit entsprechender App
- ☐ Kleine Waage (bis 500 g)
- ☐ Große Waage (bis 50 kg)
- ☐ Tüten für evtl. Proben
- ☐ Dokumente (festgelegte und aktuelle Zahlen aus der Landwirtschaft)

SIND DIE ANGABEN ZUR FLÄCHE KORREKT?

Die eindeutige Flächenangabe ist Voraussetzung zur Feststellung der Erstattung. Neben gedruckten Kartenwerken bietet auch das Internet die Flächeninformationen. Bestimmte Programme ermöglichen, Messpunkte und -strecken einzutragen sowie Flächen berechnen zu lassen. Bei großflächigen Schäden ist dies eine Erleichterung. Die Programmanwendung ist im Internet erläutert. In Nordrhein-Westfalen ist z. B. „TIM-online" die Internet-Anwendung des Bundeslandes für digitale Kartendarstellungen bzw. Darstellung der Vermessungs- und Katasterverwaltung NRW über sogenannte WebMapServices (WMS). Mit „TIM-online" (https://www.tim-online.nrw.de/tim-online2e/) können im Liegenschaftskataster Gemarkung, Flur und Flurstück gesucht bzw. abgefragt werden. Im Kasten auf S. 59 ist die Navigation in „TIM-online" dargestellt.

EINMALEINS DER SCHADENSAUFNAHME

Für jedes Wildschadensgutachten gelten folgende Grundsätze:

— Nicht alles, was nicht wächst, ist Wildschaden.
— Nicht alle Beschädigungen führen zu wirtschaftlichen Schäden.
— Schäden nicht „wachsen“ lassen.
— Mitverschulden des Eigentümers prüfen.
— Echte Wildschäden sind reell zu ersetzen.
— Zu große Leistungen lassen die Forderungen anwachsen.

FORMBLÄTTER

Das jeweils gültige Formblatt zur Aufnahme von Wildschäden hilft, dass keine relevanten Angaben vergessen werden (s. Service, 147/148). Neben den Formblättern der Bundesländer und der Landesjagdverbände existieren auch Formblätter auf Gemeindeebene. Da die Grundlagen der Wildschadenserstattung im Bundesjagdgesetz und im Bürgerlichen Gesetzbuch geregelt sind, gleichen sich die Inhalte der Formulare weitgehend.
Generell sind die Formblätter der einzelnen Bundesländer zu verwenden, soweit diese im jeweiligen Jagdgesetz und in den Durchführungsbestimmungen vorgegeben sind. Die Eintragungen in den Formularen werden bei Bedarf durch Anlagen in Form von Karten und Skizzen ergänzt.

ARBEITSMATERIAL

Es erleichtert die Arbeit, wenn alle notwendigen Instrumente und Geräte mitgeführt werden und am Ort der Schadensaufnahme vorhanden sind. Bei großflächigen Schäden kann man sich zur Bestimmung der Flächengröße per Drohnenaufnahme unterstützen lassen. Die Beurteilung des Schadens, d. h. die Eichung auch der Luftaufnahme, erfolgt stets am Boden.

Die Minderungspflicht des Geschädigten verlangt es, die Schäden tatsächlich präzise aufzunehmen.
Zu unterscheiden sind bei der Schadensaufnahme

— Sommerschäden: schlecht zu mindern, da die Früchte zu unterschiedlich reif werden.
— Frühjahrsschäden: in der Regel zu mindern (§ 254 BGB, Minderungspflicht des Geschädigten).

Bei Grünland ist es wichtig, neben dem Datum auch die phänologische Jahreszeit festzuhalten: Zu Beginn der Vegetationsperiode ist der Ertrag und damit bei einem Wildschaden durch Schwarzwild der Ertragsausfall am höchsten (s. „Service“, Tab. S. 154 o.).

SCHADENSMINDERUNG

Sinnvoll ist es in jedem Fall, die Möglichkeiten zur Schadensminderung ebenfalls mitzudokumentieren.
Die Möglichkeiten zur Schadensminderung bestehen in

— Wiederansaat,
— Bestellung mit Ersatzfrucht,
— zusätzlicher Düngung,

Nach § 254 BGB hat der Geschädigte eine Minderungspflicht.

— zusätzlicher Unkrautbekämpfung,
— Nachpflanzen,
— Einebnen,
— Anhäufeln,
— Nachdrillen.

DOKUMENTIEREN UND QUANTIFIZIEREN

Für die Schadensermittlung gilt: dokumentieren und quantifizieren. Die Aufnahme muss eindeutig sein – d. h. anhand der Dokumentation muss ein sachkundiger Dritter die Ermittlung des Schadens zweifelsfrei nachvollziehen können. Das verlangt, jeweils anzugeben, was geschätzt, was gemessen und was ausgezählt wird.

Zu den wichtigen Kenndaten gehören
— Kulturart,
— Kultursorte,
— Angabe zu konventionellem oder ökologischem Anbau,
— die Vermarktung,
— die in der Region üblichen Richtsätze für Arbeits- und Maschinenkosten,
— Förderungen auf der Fläche, die möglicherweise durch Wildschäden gefährdet sind.

Ein Beispiel hierfür sind die Richtsätze für die Bewertung von landwirtschaftlichen Kulturen 2024 der Landwirtschaftskammer NRW: https//www.landwirtschaftskammer.de/landwirtschaft/beratung/veroeffentlichungen/richtsaetze.htm (s. „Service“, S. 149/150). Zugrunde zu legen sind – soweit vorhanden – die Richtsätze des jeweiligen Bundeslandes. Bestimmte Richtsätze können auch in den benachbarten Bundesländern angewendet werden, so z. B. die hessische Tabelle zum Ökolandbau in NRW.

SCHADENSERMITTLUNG

Die Ermittlung der geschädigten Fläche steht am Anfang jeder Berechnung. Bei großen einheitlich geschädigten Flächen lässt sich die Fläche auch über die weiter vorn erwähnten Online-Anwendungen ermitteln.

> **TIPP**
> Immer muss festgehalten werden, wie die Größe der Schadfläche ermittelt wurde. Geschah das über eine Online-Anwendung – das konkrete Programm wird benannt –, durch Messung oder, bei einfachen übersichtlichen Flächen, durch bloße Schätzung?

KLEINFLÄCHEN

Bei kleineren Flächen und bei einer ungleichmäßigen Verteilung der Schäden in der Fläche werden die geschädigten Flächen im Gelände ausgemessen.

Teilflächen

Flächen mit gleichem Schädigungsgrad werden dabei zusammengefasst, also z. B. alle Teilflächen, die einen Schaden von 30 % aufweisen und ebenso die Flächen, die z. B. zu 50 % geschädigt sind.

Diese Teilflächen werden zunächst markiert, z. B. mit Fluchtstangen, einfachen Kunststoffpfählen, wie sie für Elektrozäune verwendet werden, oder auch einfachen Stöcken. Zur Berechnung der Flächengröße werden dann geometrische Formen – z. B. Quadrate, Rechtecke oder Dreiecke – in diese Teilflächen gelegt, deren Größe nach den zur Flächenberechnung üblichen Formeln ausgerechnet wird (Formblatt Flächenberechnung s. „Service“, S. 153). Zum Ausmessen der für die Berechnung erforderlichen Längen eignen sich Maßband, Feldzirkel oder auch hinreichend präzise Laser-Entfernungsmesser.

Ergebnis

Resultat der Flächenberechnung sind Angaben der jeweils in einem bestimmten Ausmaß geschädigten Fläche, also z. B.: Von einem zwei Hektar großen Maisfeld sind

Kleinflächige und ungleichmäßig verteilte Schäden werden im Gelände ausgemessen.

— 0,3 ha zu 30 % geschädigt,
— 0,2 ha zu 50 % geschädigt,
— 1,3 ha ohne Schaden.

Zur Anwendung der Richtsätze für die Bewertung von landwirtschaftlichen Kulturen werden diese Angaben zunächst auf eine Fläche mit Totalschaden umgerechnet – in diesem Beispiel:

0,3 ha × 0,3 + 0,2 ha × 0,5 = 0,19 ha

Der oben beschriebene Schaden entspricht also einem vollständigen Ertragsausfall auf 0,19 ha.

GERINGE SCHÄDEN

Für kleinere Schäden bietet sich eine einfache Form der Berechnung oder Schätzung an. Dies setzt einschlägige Erfahrung voraus. Bei Bagatellschäden hat sich dieses Vorgehen bewährt, weil ansonsten oft die Verfahrenskosten den Streitwert übersteigen. Die einfache Form der Berechnung eines Schadens erfolgt über

1. Ermitteln der geschädigten Fläche in Quadratmetern
2. Schätzen des zu erwartenden Ertrags nach den Richtsätzen (Bodenpunkte berücksichtigen; verwendete Tabelle angeben)
3. Errechnen des Ersatzes in Form und Höhe

Im Bestfall erzielen Geschädigter und Ersatzpflichtiger dann eine Einigung.

GRÖSSERE SCHÄDEN

Bei größeren Schäden muss der Schaden genau ermittelt werden. Wenngleich grundsätzlich nur der Schaden zu erstatten ist, der auch angemeldet wurde, empfiehlt es sich, auch die Schäden zu dokumentieren, deren Verursacher andere als die gemeldeten Wildarten waren. Praktische Beispiele hierfür sind Schäden im Getreide durch Rot- und Schwarzwild, von denen häufig zu Beginn nur der Schwarzwildschaden gemeldet

wird, da der Rotwildschaden nicht erkannt wurde.
Im Hinblick auf die Anmeldefrist ist es wichtig, auch das Alter der Schäden zu dokumentieren, weil ältere Schäden nicht zu ersetzen sind. Die Art des Schadens, z. B. Abäsen nur der Ähren oder Umbrechen des Feldes, ist anzugeben.

Als Leitsätze der genauen Schadensquantifizierung können gelten:
— Ermitteln der Fläche in m^2 (Ermittlungsverfahren angeben)
— Prüfung, ob sich der Ertragsausfall auch während der Ernte durch den Vergleich geschädigter/ungeschädigter Flächen schätzen lässt. Voraussetzung: die ge-

Totalschaden durch Rot- und Schwarzwild: Rotwild kann Kolben herausbrechen, ohne die Maispflanze umzuknicken.

In diesem Maisschlag hat das Schwarzwild gründlich Schaden angerichtet.

Fehlen Referenzdaten, sind ungeschädigte Flächen die Referenz.

schädigten/ungeschädigten Teilflächen müssen in allen übrigen Faktoren übereinstimmen.
- Ertragsermittlung durch Messen, Wiegen, Zählen (Dokumentation des Vorgehens: z. B. Umfang der gewogenen oder gezählten Stichproben)
- Errechnen des Ausfalls (Benennung der Grundlagen)
- Festlegen der Entschädigungsart (nur der Geschädigte kann zwischen Sach- und Geldleistung wählen): In sehr trockenen Jahren mit Heu- und Silageknappheit kann für einen Betrieb mit Viehhaltung der Naturalersatz interessant sein.

FEHLENDE REFERENZDATEN

Treten Schäden in Kulturen auf, für die es keine Referenzdaten gibt, ist es notwendig, die Ermittlung durch den Vergleich ungeschädigter und geschädigter Teilflächen auf derselben Fläche durchzuführen. Das Vorgehen für die Ertragsberechnung soll am Beispiel des Getreides erläutert werden.

1. Auswahl von drei Probeflächen ohne Schaden
2. Zählen der Ähren auf den Probeflächen
3. Wiegen des Korns von je zehn Ähren
4. Multiplikation des Körnergewichts mit der Anzahl der Ähren
5. Berechnen des Strohertrages

Gerechnet wird dann wie folgt (Beispiel Winterweizen):

<u>Schadensfläche</u>
500 m² zu 100 % geschädigt
250 m² zu 50 % geschädigt

<u>Ährenanzahl</u>
Fläche 1 = 625
Fläche 2 = 701
Fläche 3 = 672
Summe: 1988

Es stehen 1998 Ähren auf drei Quadratmetern, im Mittel also 666 (1988 ÷ 3) Ähren pro Quadratmeter.

<u>Korngewicht auf der Fläche</u>
Korngewicht 30 (3 · 10) Probeähren: 27 Gramm
⇒ Im Mittel beträgt das Korngewicht einer Ähre 27 ÷ 30 = 0,9 Gramm
⇒ Das Korngewicht je Quadratmeter bzw. je Hektar beträgt 0,9 · 666 = 599,4 Gramm bzw. 5994 Kilogramm

<u>Strohertrag</u>
Das Korn-Stroh-Verhältnis bei Winterweizen liegt bei 1:1,3
⇒ 599,4 Gramm Korn/m² · 1,3 = 779,2 Gramm Stroh/m²

<u>Gesamtausfall</u>
Korn: 599,4 g/m² · 500 m² = 299,7 kg
Stroh: 779,2 g/m² · 500 m² = 389,6 kg
Bei Aufnahmen auf kleinen Teilflächen ist Präzision besonders wichtig. Hierzu zählt auch, das Wiegen in einem windstillen Raum vorzunehmen – bei Wägungen im Grammbereich macht sich jeder Luftzug bemerkbar. Geeignet ist z. B. der Kofferraum eines Autos.

PRÜFUNG NACHVOLLZIEHBARKEIT

Zur Kontrolle prüft man am Ende der Schadensaufnahme, ob eine andere Person in der Lage wäre, anhand der Angaben die Aufnahme sicher nachzuvollziehen. Auch bei einer exakten Aufnahme von Wildschäden kann es sich im Hinblick auf die hergeleiteten Ersatzansprüche letztlich immer nur um eine Schätzung handeln: Zum einen gibt es innerhalb großer Feldflächen Ertragsunterschiede zwischen verschiedenen Teilflächen, und auf der anderen Seite handelt es sich bei der Beurteilung der Marktlage stets um eine mehr oder weniger subjektive Einschätzung.

WILDSCHÄDEN IM WALD

SCHADENSAUFNAHME ALLGEMEIN

Die Aufnahme und Bewertung von Wildschäden im Wald werden zurzeit vielfach diskutiert. Unter dem Aspekt der Wildschadenserstattung ist es auch hier wesentlich, Schäden nachvollziehbar zu dokumentieren und eindeutig aufzunehmen. Gemäß § 35 Bundesjagdgesetz sind Schäden im Wald zum 1. Mai und zum 1. Oktober zu melden. Aufzunehmen sind im Normalfall Schäden an den Hauptholzarten und, je nach Bundesland, an anderen „geeigneten Holzarten", die einen Anteil von mindestens 20 Prozent an der Oberfläche haben.

DOKUMENTATION DER RANDBEDINGUNGEN

Bei größeren Schadensausmaßen empfiehlt es sich, die Randbedingungen festzuhalten, z. B. in welcher Phase der Sukzession der Begleitvegetation gepflanzt wurde. Wird in die Kahlfläche gepflanzt, gibt auch spärliche Begleitvegetation einen Hinweis auf das mögliche Wildschadensrisiko. Die Integration der Pflanzung in die Begleitvegetation mindert das Risiko von Verbiss und bedeutet zudem Klimaschutz für die jungen Bäume. Rückschlüsse auf die Gesamtsituation lassen sich zudem aus der natürlich ankommenden Verjüngung ziehen.

TIPP

Im Zuge der Verbissaufnahme auch Randbedingungen festzuhalten, ist auch unter dem Aspekt eines Mitverschuldens relevant: Dieser Aspekt ist zumindest bei Pflanzungen auf großer Fläche ohne jede Begleitvegetation und ohne Schutzmaßnahmen zu prüfen.

FORSTLICHE VERFAHREN UNGEEIGNET

Zur Erstattung von Wildschäden muss die Aufnahme eine Aussage zu einer konkreten Fläche zulassen. Damit scheiden die Verfahren der Verbiss- und Schälaufnahme in den forstlichen Gutachten grundsätzlich aus: Das Ziel dieser Verfahren ist eine großräumige Beurteilung von Schäle und Verbiss, jedoch nicht die konkrete Ansprache einer Einzelfläche. Wenngleich diese Verfahren ihre Berechtigung zu einer großräumigen Einschätzung des Wildeinflusses auf die Waldbäume haben, so lassen sie die im Fall der Schadenserstattung geforderte konkrete Beurteilung der Einzelfläche nicht zu.

HAUPTBAUMARTEN UND GEEIGNETE BAUMARTEN

Zu den ersatzpflichtigen Baumarten zählen die Hauptbaumarten und andere geeignete Baumarten. Unter Hauptbaumart fallen Arten, die mit einem Flächenanteil von mindestens fünf Prozent waldbaulich relevant und für das Waldgefüge bestimmend sind. Andere geeignete Baumarten sind solche, die zur natürlichen Vegetation zählen oder in der Region waldbaulich bereits lange genutzt werden: Beispiele hierfür sind Esche, Ahorn, die Eichenarten und die Rotbuche sowie

Die Himbeere spendet der gepflanzten Buche Halbschatten und lenkt Verbiss ab.

Wildkirsche und Bergahorn arbeiten sich auch durch dichte Begleitvegetation.

Jahr zwei nach Bohrlochpflanzung mit minimaler Flächenräumung: Himbeere und Weiße Hainsimse als Klima- und Verbissschutz

Das Aufkommen des beim Wild beliebten Hirschholunders lässt einen nicht zu hohen Äsungsdruck auf die gepflanzten Bäume erwarten.

Die Himbeere, eine beliebte Nahrungspflanze, schützt die gepflanzte Hybridlärche vor Verbiss.

Hybridlärche auf der geräumten Fläche – ohne Begleitvegetation

Buchen-Naturverjüngung kann so dicht stehen wie „die Haare auf dem Hund". Bei der Schadensaufnahme interessieren nur Bäumchen mit durchschnittlicher Oberhöhe.

Douglasie, Fichte, Lärche und Kiefer. Im Zweifel ist der Pachtvertrag maßgeblich. Grundlage einer Schadensaufnahme ist ein waldbauliches Ziel. Das ist entweder schriftlich dokumentiert oder aus der örtlichen Situation ableitbar. Die Verjüngungsfläche muss klar abgegrenzt sein.

TIPP

In üppig aufgelaufenen Buchennaturverjüngungen können durchaus 60 000 und mehr Pflanzen auf dem Hektar stehen. Wenn die Buche „durchwächst", entfällt eine Schadenserstattung für Pflanzen deutlich geringerer als der Oberhöhe, da sie in diesem Fall nicht relevant sind.

PFLANZUNG UND NATURVERJÜNGUNG

In Pflanzungen (Kunstverjüngung) sind alle ausgebrachten Pflanzen zu berücksichtigen. In Naturverjüngungen haben Schäden nur an den Pflanzen Bedeutung, die für die weitere Entwicklung der Fläche relevant sind (vgl. S. 87).

KOMPLETTAUSFALL ODER ZUWACHSVERLUST

Generell zu unterscheiden ist zwischen dem Komplettausfall einer Pflanze (Totalverbiss) und einem Zuwachsverlust. Aufgenommen werden nur Pflanzen, die mindestens ein Jahr alt sind. Jüngere werden also nicht aufgenommen, da hier Schadensursachen nicht eindeutig sind und der Ausfall vielfach mindestens zur Hälfte durch Insekten, Pilzbefall und Kleinsäuger verursacht wird.

SCHADENSARTEN

Aufgenommen werden Verbiss-, Fege- und Schlagschäden. Wichtig ist wie immer die eindeutige Zuordnung der auslösenden Wildart. Aussagen zur Entmischung, wie in zahlreichen Länderverfahren mittlerweile empfohlen, erfordern eine klare pflanzensoziologische Einordnung: Eine Entmischung ist nur dann schadensrelevant, wenn sicher ist, dass sie nicht durch die Konkurrenz der Baumarten ohnehin eintritt (s. S. 28 u. 71 f.).

VERBISSAUFNAHME

Registriert wird für die aufgenommenen Pflanzen, ob ihr Leittrieb verbissen ist oder nicht. Aufgenommen wird nur der innerhalb der Meldefrist eingetretene Verbiss: Der zum 1. Oktober gemeldete Verbiss bezieht sich auf den Sommerverbiss, der zum 1. Mai auf den Winterverbiss. Das in der Praxis häufig anzutreffende Phänomen, auch den Vorjahresverbiss oder sogar noch länger zurückliegenden Verbiss in Rechnung stellen wollen, ist nicht zulässig. Das Erkennen von Frostschäden und deren Unterscheidung von Wildschäden wird erleichtert, wenn der Aufnehmende mit der Region vertraut ist.

Bei kleinen Flächen und geringen Stückzahlen bis zu etwa 700 Pflanzen ist eine Vollerhebung empfehlenswert (s. Aufnahmenblatt im Serviceteil des Buchs, S. 151). Bei größeren Flächen und höherer Pflanzendichte wird ein einfaches Stichprobenverfahren eingesetzt.

Spätfrostschäden an Buchen – gute Kenntnisse über die Region erleichtern die Ansprache.

Die Auswirkungen häufiger Spätfrostschäden ähneln den Folgen von Verbiss.

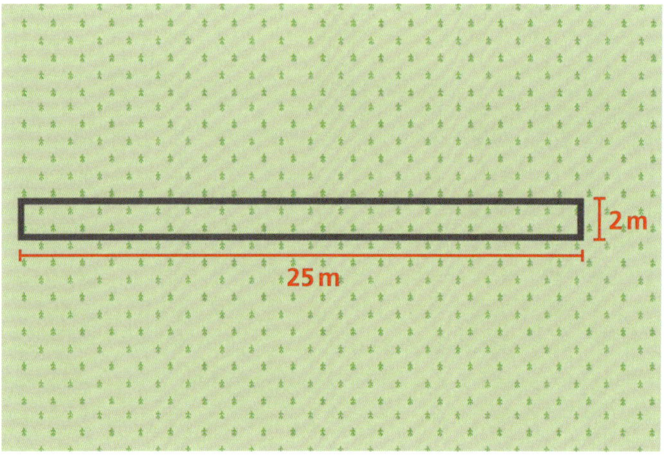

Schema einer Taxationslinie/Transekte: In pflanzenreichen Naturverjüngungen werden Probestreifen von 25 × 2 m gelegt.

KLEINE FLÄCHE, GERINGE PFLANZENZAHL

Auf der aufzunehmenden Verjüngungsfläche werden Zonen, die die Gesamtsituation repräsentieren, ausgezählt. Bei geringen Pflanzendichten, insbesondere gepflanzten Kulturen, empfiehlt sich eine „Transektaufnahme“: Der Zählende schreitet diagonal zu den Pflanzreihen oder auch entlang der Pflanzreihen durch die Fläche und registriert dabei, ob die rechts und links seines Weges stehenden Pflanzen verbissen sind oder nicht. Gegebenenfalls ist wieder zwischen Verbiss und Totalausfall zu differenzieren.

GROSSE FLÄCHE, HOHE PFLANZENZAHL

Bei hohen Pflanzenzahlen und hohen Pflanzendichten, insbesondere in dichten Naturverjüngungen, in denen man nicht ohne weiteres ansprechen kann, welche Pflanzen auf der Marschroute liegen (und dementsprechend aufzunehmen sind), empfiehlt sich die Aufnahme von Probeflächen, d. h. mit Trassierband markierten Transekten. In den Bestand wird eine Probefläche von zwei Metern Breite und 25 bzw. 50 Metern Länge gelegt. Aufgenommen werden jeweils die ersten 100 Bäume der Hauptbaumart auf dieser zwei Meter breiten Trasse. Müssen zusätzlich begleitende Baumarten aufgenommen werden, die in deutlich geringerer Dichte vertreten sind, erfolgt die Aufnahme der Begleitbaumarten auf den Transsekten. Sofern auf dem ersten Teilstück 150 Pflanzen (Hauptbaumart und begleitende Baumart) wachsen, genügt die Aufnahme von 50 m^2, bei geringeren Pflanzenzahlen sollten 100 m^2 aufgenommen werden, d. h. der gesamte Transekt von zwei Metern Breite und 50 Metern Länge.

In Abhängigkeit von der Flächengröße wird die Anzahl der auszuzählenden Pflanzen bzw. Transekten wie folgt festgelegt:

- Flächengröße bis 1 ha: vier Aufnahmen von 100 Pflanzen bzw. auf vier Transekten
- Flächengröße: 1,01 bis 2,0 ha: siebenmal 100 Pflanzen bzw. sieben Transekte
- Flächengröße über 2,01 ha: für jeden weiteren Hektar zwei zusätzliche Transekte bzw. zweimal 100 Bäume

Insbesondere bei einer inhomogenen Verjüngungssituation ist festzuhalten, auf welche Pflanzen sich die Aufnahme bezieht.

Entscheidend ist, dass genügend Pflanzen durchwachsen. Das Auswahlkriterium für die aufgenommenen Pflanzen wird dokumentiert.

Aufgenommen werden, wie schon erwähnt, die für die Verjüngung tatsächlich relevanten Pflanzen. Zu Beginn der Verjüngungsphase oder bei Pflanzungen sind dies zunächst alle.

In einer späteren Phase werden in einer Verjüngung, in der die Mehrzahl der Pflanzen der vorgesehenen Zielbestockung 1,60 m groß ist, nur die Bäumchen dieser Größenkategorie aufgenommen und bewertet, nicht aber die Bäumchen der gleichen Art von 20 cm Höhe. Als Ergebnis der Aufnahme wird die Anzahl der verbissenen bzw. geschädigten Pflanzen festgehalten und prozentual auf die Gesamtpflanzen hochgerechnet.

Die Ermittlung des Schadens geht von diesem Prozentwert aus und berücksichtigt gegebenenfalls die Kosten für Ersatzbeschaffung und Ersatzpflanzung, und möglicherweise auch einen einmaligen zehnprozentigen Nachbesserungszuschlag und einen jährlichen Pflegezuschlag. Bewährt hat sich, die Berechnung auf der Grundlage der einschlägigen Tabellenwerke durchzuführen (z. B. LEONHARDT et al. 2019).

ENTMISCHUNG – AUFNAHME-ANFORDERUNGEN

Voraussetzungen dafür, eine Entmischung als Schaden in Rechnung zu stellen, sind

1. eine Mindestgröße der betroffene Gesamtverjüngungsfläche von 0,2 ha,
2. ein Anteil der Mischbaumarten von fünf Prozent oder mehr.

TIPP

Ist nach gewissenhafter Abwägung aller Aspekte tatsächlich von einem Entmischungsschaden auszugehen, liegt dieser Schaden über dem eines Totalausfalls einer Art: Neben dem Verlust der betroffenen Pflanzen durch den Ausfall einer Baumart tritt eine Erhöhung des wirtschaftlichen Risikos hinzu.

Artenreiche und gesicherte Naturverjüngung: Entmischungsschaden durch Wildverbiss hätte einen Anteil der verbissenen Baumarten von jeweils mindestens fünf Prozent vorausgesetzt.

Darüber hinaus muss weitgehend sicher sein, dass die „Mischbaumart“ infolge der Konkurrenz zwischen den Baumarten nicht ohnehin in absehbarer Zeit ausfällt. Ein anschauliches Beispiel hierfür ist die Verjüngung der Vogelbeere in Hainsimsen-Buchenwäldern: Von Sonderstandorten abgesehen, hat die Vogelbeere hier praktisch keine Entwicklungschance. Die Frage der Entmischung lässt sich nur auf der Grundlage einer differenzierten Vegetationsaufnahme prüfen (PETRAK & SIMON 2024), um andere Ursachen für den Verlust einzelner Baumarten auszuschließen (SIMON et al. 2024; vgl. S. 28).

AUFNAHME VON SCHÄLSCHÄDEN

Bei der Aufnahme von Schäle steht nicht primär der Verlust an Baumrinde im Vordergrund, sondern das Infektionsrisiko durch deren Verwundungen. Aufgenommen

ROTFÄULE AN FICHTE

Wird der Schaden im Wesentlichen durch Fäulniseintritt verursacht, ist es bei der Fichte auf bestimmten Standorten erforderlich, auch den Anteil rotfauler Stämme ohne Schäleinfluss festzustellen. Die Rotfäule wird durch einen Pilz, den Gemeinen Wurzelschwamm *(Heterobasidion annosum)*, ausgelöst. Dessen Sporen dringen auch über die Wurzel des Baumes ein – dies kommt vor allem bei Fichtenaufforstungen auf Kalk oder Erstaufforstungen auf ehemaligem Ackerland oder Grünland vor. Es ist daher wichtig, auch den Anteil rotfauler Stämme ohne Schäle festzustellen. Das ermittelte Fäulnisprozent ungeschälter Stämme ist bei der Ermittlung von Schälschäden zu berücksichtigen.

Schälwunden und Rückeschäden begünstigen Pilzinfektionen.

werden Schälzeichen ab der Größe einer Zwei-Euro-Münze. Beobachtungen zur Faulhöhe vor Ort sind wichtiger als das Ausmessen von Schälwunden. Bei der Schäle ist entscheidend, ob die Zielbaumart betroffen ist. Schäle an Weiden- oder Pionierbaumarten sind in der Regel forstwirtschaftlich bedeutungslos.

Der Umstand, dass Schäden an forstwirtschaftlich genutzten Grundstücken nur zweimal im Jahr (bis 01.05. und/oder 01.10.) bei der zuständigen Behörde angemeldet werden müssen, hat Relevanz für die Aufnahme von Schäle in der Praxis: Zum einen ist die Unterscheidung zwischen Sommer- und Winterschäle wichtig und zum anderen muss auch eine Zuordnung zum Zeitraum erfolgen.

Die phänologische Differenzierung zwischen Sommer- und Winterschäle, die unterschiedlichen Schadbilder und die Ansprache der Verursacher anhand der Höhe und Größe der Schälwunden und der Zahnspurbreiten wurde im Kapitel „Ansprache der Verursacher“ auf den Seiten 33 ff. bereits dargestellt.

VORGEHENSWEISE

Die klassischen Stichprobenverfahren im Rahmen des forstlichen Monitorings genügen den Anforderungen an die Ermittlung des Schälprozentes für einen konkreten Bestand als Grundlage einer Erstattung grundsätzlich nicht.

Im Rahmen des Pilotprojektes Monschau-Elsenborn wurden die unterschiedlichen Verfahren der Schälaufnahme miteinander verglichen (SIMON et al. 2008 und SIMON & PETRAK 1998): Bei der Schälaufnahme hat sich die Linientaxation oder Transektverfahren bewährt. Dabei ist wichtig, dass die Taxationslinien die Situation für den Bestand widerspiegeln, also z. B. senkrecht auf den Bestandesrand zulaufen.

BESTANDES-FLÄCHE	ANZAHL TAXATIONSLINIEN (JE 100 STÄMME)
0,1 – 1,0 ha	4
1,1 – 2,0 ha	7
2,1 – 3,0 ha	9
3,1 – 4,0 ha	10
> 4 ha	≥ 10

Die Mindestanzahl der Taxationslinien in einer Schälaufnahme hängt von der Größe des zu untersuchenden Bestandes ab. Bei Beständen, die größer als zwei Hektar und bis vier Hektar groß sind, werden für jeden hinzukommenden Hektar zwei weitere Taxationslinien aufgenommen (s. Tab.). Bei über vier Hektar Bestandesgröße genügen oft auch zehn Linien, bei sehr großen Beständen ist das zu prüfen.

Bei sehr kleinflächig auftretenden Schälschäden ist, analog der Verbissaufnahme, eine Vollaufnahme angezeigt. Die Ergebnisse werden in den Erhebungsbogen eingetragen (s. „Service“, S. 152).

Anhand des ermittelten Schälprozentes lassen sich auf der Grundlage der entsprechenden Tabellenwerte die Entschädigungszahlungen ausrechnen (z. B. LEONHARDT et al. 2019). Vor dem Hintergrund der langen Produktionszeiträume, die in der Forstwirtschaft naturgemäß gegeben sind, ist die Bewertung von Schäden schwieriger als in der Landwirtschaft und geht in höherem Maß von Annahmen aus.

SCHADENS-BEWERTUNG IN DER PRAXIS

LEITLINIEN UND GRUNDLAGEN

Bei der Bewertung von Wildschäden ist immer zu prüfen, ob es sich um ersatzpflichtigen Schaden handelt. So wenig, wie die Schäden aller Wildarten ersatzpflichtig sind (s. S. 15), so wenig sind auch Schäden an technischen Einrichtungen wie Folien und Pflanztöpfen ersatzpflichtige Wildschäden. Die gegenüberstehende Tabelle gibt einen Überblick über erstattungspflichtige sowie nicht erstattungspflichtige Wildschäden und die entsprechenden Voraussetzungen. Neben den allgemeinen rechtlichen Grundlagen sind gegebenenfalls auch Vereinbarungen und Regelungen im Jagdpachtvertrag zu berücksichtigen.

Basis der Berechnungen sind

— die rechtlichen Regelungen,
— das Ergebnis der Schadensaufnahme, d. h. die konkreten Daten,
— die einschlägigen Tabellenwerke bzw. Grundlagen.

Zu verwenden sind jeweils die von den Landwirtschaftskammern bzw. einschlägigen Dienststellen der einzelnen Bundes-

Schäden an Folienhäusern und Folien durch wild lebende Tiere sind keine ersatzpflichtigen Wildschäden.

WILDSCHADENERSATZ IN DER ÜBERSICHT

GESCHÄDIGTE GRUNDSTÜCKE	ERSATZPFLICHT	KEINE ERSATZPFLICHT
Schäden an Feldfrüchten (z. B. Getreide, Mais Kartoffeln, Rüben)	Auch ohne Errichten von Schutzvorrichtungen	Wenn Geschädigter Abwehrmaßnahmen des Jagdausübungsberechtigten verhindert oder unwirksam gemacht hat
Schäden an Obstgärten, Gemüsefeldern u. Ä.	Sofern übliche Schutzvorrichtungen errichtet wurden	Wenn keine üblichen Schutzvorrichtungen errichtet wurden
Schäden an befriedeten Bezirken	—	BGH-Urteil vom 04.03.2010 (Az. III ZR 233/09)
Schäden an Forstkulturen	– Kulturen mit *Haupt*holzarten: auch, wenn keine üblichen Schutzvorrichtungen errichtet wurden, – Kulturen mit *Fremd*holzarten: sofern übliche Schutzvorrichtungen errichtet wurden	Kulturen mit Fremdholzarten, wenn keine üblichen Schutzvorrichtungen errichtet wurden bzw. Jagdausübungsberechtigter drei Monate vor Jagdjahresbeginn die Materialkosten für Schutzzaun übernommen hat (§ 33 LJG-NRW)

länder herausgegebenen aktuellen Richtsätze für die Bewertung von landwirtschaftlichen Kulturen und die Erfahrungssätze für überbetriebliche Maschinenarbeiten. Analog gilt dies für den Forstbereich. Der Geschädigte soll grundsätzlich so gestellt werden, als wäre der Schaden tatsächlich gar nicht eingetreten.

Bei der Bewertung von Wildschäden und der Ermittlung der zu erstattenden Kosten ist anzugeben, welche Faktoren mit der ermittelten Summe abgegolten sind: Infrage kommen dabei z. B. Ertragsausfall, Folgeschäden, erhöhte Aufwendungen für eine erschwerte Bewirtschaftung oder zusätzliche Maßnahmen, der Wegfall bzw. die Aberkennung von Förderprämien, gegebenenfalls Aufräumkosten und der zugrunde gelegte Zeitraum (s. u.).

Werfen Krähen Pflanztöpfe um, ist auch das kein Wildschaden. Möglichst standsichere Konstruktionen sind ratsam.

Verhütung geht vor Vergütung und die Weide schmeckt ja auch …

VERHÜTUNG VOR VERGÜTUNG

Die Verfahren zur Bewertung von Wildschäden machen deutlich, dass die Verhütung – nicht die Vergütung – von Wildschäden im Vordergrund stehen muss! Eine effektive Wildschadensverhütung bei gleichzeitiger Berücksichtigung der Lebensansprüche des Wildes erfordert den regelmäßigen Austausch zwischen Betroffenen und Beteiligten im Revier.

GEMEINSAME BEGÄNGE

Im Waldrevier sollte zumindest ein jährlicher gemeinsamer Reviergang von Jagdgenossenschaft, Forstbetriebsgemeinschaft oder Waldgenossenschaft und den Jagdausübungsberechtigen zur Routine gehören. Ein jährlicher Reviergang in Ergänzungen zu den Gesprächen bei Begegnungen ist auch im Feldrevier sinnvoll.

Hinweise auf eine Mitverursachung von Wildschäden durch den Grundstücksbewirtschafter sollen nicht dazu dienen, dass sich die Akteure aus der Verantwortung stehlen, sondern die Notwendigkeit des gemeinsamen Engagements zur Wildschadensverhütung bzw. -verminderung deutlich machen.

BEWERTUNG IN DER LANDWIRTSCHAFT

Die Auswirkungen von Wildschäden in der Landwirtschaft sind bei den meisten Kulturen auf ein Jahr begrenzt. Dies gilt zumindest für die ersatzpflichtigen Wildschäden. Unabhängig von den Erstattungsregelungen können sie bei Dauerkulturen wie Sonderkulturen oder auch im Grünland fallweise auch länger nachwirken.

ERSTATTUNGSFÄHIGE KOSTEN

Die Höhe des Wildschadensersatzanspruches richtet sich nach dem allgemeinen Schadensrecht. Zu ersetzen sich Aufwuchsschäden, die Wiederherstellungskosten, gegebenenfalls auch Folgeschäden und die Aberkennung von Förderprämien und auch Aufräumkosten.

RICHTSÄTZE – GENAUE BEWERTUNG

Bei kleineren Aufwuchsschäden bis zu 1000 Euro empfiehlt es sich, auf die Richtsätze für die Bewertung von landwirtschaftlichen Kulturen der Landwirtschaftskammer bzw. der Ämter für Agrarordnung zurückzugreifen. Bei größeren Schäden und in Streitfällen wird eine genaue Begutachtung und Bewertung erforderlich, die betriebliche und regionale Besonderheiten und gegebenenfalls schadenmindernde Umstände berücksichtigt. In diesen Fällen empfiehlt sich die Beauftragung eines öffentlich bestellten und vereidigten Sachverständigen.

NACHTEILSAUSGLEICH UND WEITERE KOSTEN

Insbesondere bei größeren Schäden sind unter dem Gesichtspunkt des Nachteilsausgleichs Ernte-, Lager- und Absatzkosten abzuziehen. Bei kleineren Schäden bis zu einem Hektar ist durch den Schadenseintritt dahingehend in der Regel kein wesentlicher Abzug möglich.
Zugrunde gelegt wird der Erzeugerpreis, der bei nicht buchführungspflichtigen Landwirten um die gesetzliche Umsatzsteuer erhöht wird. Zu ersetzen sind auch Folgeschäden wie ein erhöhter Nachsaataufwand. Gegebenenfalls ist die Aberkennung von Förderprämien zu erstatten und auch der erhöhte Aufwand zur Reparatur schutzwürdiger artenreicher Grünlandgesellschaften. Einzurechnen sind eventuell auch Aufräumkosten. Bei Wildschäden im Mais und anschließender Einsaat von Wintergetreide ist zuvor ein sorgfältiges Abernten des Maisfeldes erforderlich, um Folgeschäden zu vermeiden. Unterbleibt dies und wird in ein geschädigtes Feld einfach eingesät, liegt unter Umständen ein Eigenverschulden des Bewirtschafters vor, der einen Wildschadensersatzanspruch für die Folgekultur ausschließt.

MITVERSCHULDEN

Ein Mitverschulden liegt nur vor bei wirklich groben Verstößen des Bewirtschafters gegen die Grundsätze ordnungsgemäßer Landwirtschaft: Grünlandflächen im Herbst und Frühjahr zur Beseitigung von

Bejagungsschneisen sind wünschenswert – ihr Fehlen begründet allerdings nicht automatisch ein Mitverschulden des Geschädigten.

ENTSCHÄDIGUNGSSÄTZE FÜR AUFWUCHS IN DAUERGRÜNLAND, BEISPIEL NRW

(aus: Richtsätze LWK-NRW 2024)

ANZAHL NUTZUNGEN PRO JAHR	Bei einem Schaden zum Zeitpunkt … beträgt der Wert des Aufwuchses … Cent/m²					
	bis zur 1. Nutzung	**zwischen 1. und 2. Nutzung**	**zwischen 2. und 3. Nutzung**	**zwischen 3. und 4. Nutzung**	**zwischen 4. und 5. Nutzung**	**Gesamt jahresentschädigung**
1 × Weide oder 1 × Mahd	6,90 – 9,20					6,90 – 9,20
1 × Mahd + 1 × Weide	6,90 – 9,20	4,60 – 6,90				11,50 – 16,10
3 × Nutzung	6,90 – 9,20	4,60 – 6,90	3,50 – 4,60			15,00 – 20,70
4 × Nutzung	6,90 – 9,20	4,60 – 6,90	3,50 – 4,60	2,30 – 4,60		17,30 – 25,30
5 × Nutzung	6,90 – 9,20	4,60 – 6,90	3,50 – 4,60	2,30 – 4,60	2,30 – 4,60	19,60 – 29,90

TIPP
Auch schwerwiegende Fehler wie z. B. das Anlegen von Kirrungen auf Grünland – in vielen Bundesländern ohnehin verboten – können zu gravierenden Wildschäden im Grünland führen. Dies wird vielfach unterschätzt!

Dungfladen oder Maulwurfshaufen nicht abzuschleppen, stellt noch keinen solchen groben Verstoß dar – obwohl sich immer wieder beobachten lässt, dass das Schwarzwild auf nicht umgebrochenen Flächen deutlich stärker bricht. Tritt das Problem erstmals auf großen Flächen auf, hilft oft ein Gespräch.
Ein etwaiges Mitverschulden des Landwirtes muss der Ersatzpflichtige grundsätzlich nachweisen. Fehlende Schuss- und Bejagungsschneisen sind nur dann als Mitverschulden zu werten, wenn der Jagdausübungsberechtigte zuvor ausdrücklich den Ersatz des damit verbundenen Ertragsausfalls zugesagt hat.
Ursache für die plötzlich auf großer Fläche auftretenden Schäden im Foto rechts unten war die Flächenübernahme durch einen anderen Betrieb, der in Unkenntnis der örtlichen Situation das Abschleppen im Herbst auf den stärker geneigten Flächen unterließ. Die Fläche liegt im Gebiet des Pilotprojektes Monschau-Elsenborn der Forschungsstelle. Die gemeinsame Beratung durch die Landwirtschaftskammer Rheinland und der Forschungsstelle für Jagdkunde und Wildschadensverhütung erreichten, dass das Abschleppen im Herbst fortgeführt wurde und das Problem behoben war.
Da sich bei Dauergrünland die Grasnarbe nach Reparaturen neu entwickeln muss, umfasst der Ertragsausfall bei einem Umbruch durch Schwarzwild nicht nur den ersten Aufwuchs, sondern je nach örtlicher Situation auch die folgenden (s. Tabelle S. 80), die entsprechend den Einzelrichtwerten zu entschädigen sind – im Fall von drei Aufwüchsen z. B. 6,90 Ct/m²+ 4,60 Ct/m²+ 3,50 Ct/m² = 15 Ct/m².

Je weniger tief Sauen umbrechen – hier sechs Zentimeter –, desto leichter fällt die Reparatur.

Der Schwarzwildschaden im Grünland konzentriert sich auf die nicht abgeschleppte Fläche.

ARTENREICHE GRÜNLANDGESELLSCHAFTEN

In artenreichen Grünlandgesellschaften liegt der Ernährungswert vielfach über dem des am Energiegehalt orientierten klassischen Wirtschaftsgrünlands. Gegebenenfalls ist hier eine detaillierte Bewertung der Einzelfläche erforderlich.

STUNDENSÄTZE

Nur der Geschädigte kann entscheiden, ob er die Reparatur selbst durchführt – in diesem Fall sind die Erfahrungssätze der überbetrieblichen Maschinenarbeiten der Landwirtschaftskammer zugrunde zu legen – oder dies einem Lohnunternehmer mit Spezialmaschinen überträgt – dann gelten dessen Stundensätze. Die Verrechnungssätze für die Reparatur von Grünland nach Wildschäden liegen 2024 z. B. in NRW einschließlich Fahrer, Schlepper und Diesel bei 102 bis 124 €/ha (LWK-NRW 2024). Das Saatgut ist hier nicht eingerechnet.

Für erforderliche Handarbeit bei nur einzelnen Schwarzwildaufbrüchen oder Geländehindernissen wie extremer Hanglage ist ein Stundenlohn von 21 bis 28 Euro angemessen (LWK-NRW 2024). Eine Reparatur oder eine Mitwirkung des Ersatzpflichtigen setzen das Einverständnis des Geschädigten voraus.

WERT DES AUFWUCHSES

Bei sehr artenreichen, in der Regel schutzwürdigen Grünlandgesellschaften ist der Wert des Aufwuchses für den Einzelfall auf der Grundlage der Artenzusammensetzung und des Anteiles einzelner Arten zu ermitteln. Dies kann im Einzelfall vollständige Vegetationsaufnahme erfordern (z. B. Deutsches Institut für Normung e.V. [2013]: DIN 19686)

Außer den einschlägigen Tabellen der Landwirtschaftskammern bietet weitere Informationen und Kenndaten für eine sachgerechte Bewertung von Aufwuchsschäden die Broschüre „Berechnungsgrundlagen für die Ermittlung von Schäden an landwirtschaftlichen und gärtnerischen Kulturen und Grundstücken“, die vom Ausschuss für landwirtschaftliches Sachverständigenwesen des Verbandes der Landwirtschaftskammern e.V. (VLK) herausgegeben wird.

Schäden in sehr artenreichen Grünlandgesellschaften sind differenziert zu bewerten. Die Standardsätze für den Aufwuchs im Dauergrünland sind hier ungeeignet.

*Das Kleinblütige Springkraut (*Impatiens paraviflora*) aus Ostasien und Sibirien kam bereits Ende des 19. Jahrhunderts zu uns.*

*Die Rote Lichtnelke (*Silene dioica*) wird ausgesprochen gern beäst. Im Reinanbau ist sie als Sonderkultur entsprechend zu schützen.*

SONDERFALL REGIOSAATGUT

Die Rahmenbedingungen für den Schutz von Sonderkulturen sind in den jagdrechtlichen Vorschriften geregelt. Das Risiko von Wildschäden an Pflanzen, bei denen der Verbiss keine Rolle spielt, solange sie in der Pflanzengemeinschaft wachsen, wird bei einem Anbau dieser Pflanzen in Reinkultur zur Saatgutvermehrung leicht unterschätzt, sodass dieser Aspekt hier näher beleuchtet wird.

GEBIETSFREMDE ARTEN

Der Erhalt der biologischen Vielfalt ist ein zentrales Anliegen nicht nur des Naturschutzes, sondern auch der nachhaltigen Nutzung im Sinne der Rio-Konvention. Diese stellt ausdrücklich fest, dass nachhaltige Nutzung auch dem Schutz der Natur dient. Die Einschleppung gebietsfremder Arten kann sich auf die Biodiversität auswirken. Wenn auch die Einschleppung gebietsfremder Arten kein neues Phänomen ist – z. B. wurde das Kleinblütige Springkraut *(Impatiens parviflora)* als Neubürger aus Ostasien und Sibirien bereits gegen Ende des 19. Jahrhunderts über die Reifenprofile im Wald eingesetzter Fahrzeuge mitgebracht –, so hat die Problematik infolge des weltweiten Handels zugenommen.

GENEHMIGUNGSPFLICHT

Nach § 40 BNatschG bedarf das Ausbringen gebietsfremder Arten seit dem Ende der Übergangsfrist am 1. März 2020 grundsätzlich einer Genehmigung. Von der Genehmigung sind ausgenommen der Anbau von Pflanzen in der Land- und Forstwirtschaft, das Ansiedeln von Tieren, die dem Jagd- und Fischereirecht unterliegen, sofern die Art in dem betreffenden Gebiet in freier Natur in den letzten 100 Jahren vorkam oder noch vorkommt, und unter bestimmten Voraussetzungen der Einsatz von Tieren zum biologischen Pflanzenschutz.

REINANBAU IST PROBLEMATISCH

Für die Durchführung von Kompensationsmaßnahmen auf landwirtschaftlichen Flächen, wie z. B. die Anlage von Stilllegungsstreifen oder Blühstreifen, oder unter bestimmten Voraussetzungen, muss für die Anlage von Äsungsflächen gebietseigenes Pflanz- und Saatgut verwendet werden. Dieser Umstand hat zu einem vermehrten Anbau einheimischer Wildpflanzen ge-

BEÄSUNGSDRUCK BEI REINANBAU – EIN BEISPIEL

Im Jahresdurchschnitt sind mittlere Beäsung und Beliebtheit der Roten Lichtnelke *(Silene dioica)* höher als z. B. die des Wiesenklees. Die Pflanze weist mit 14 g/kg Trockensubstanz einen attraktiven Kalkgehalt auf und mit 1,8 g/1000 g Trockensubstanz einen merklichen Phosphatgehalt. Wertvoll ist auch der Kaliumgehalt.
Die Rote Lichtnelke ist bis auf wenige Ausnahmen während des gesamten Jahres attraktiv, liegt in der durchschnittlichen Beäsung im bevorzugten Nahrungsspektrum des Wildes und besitzt günstige Rohnährstoff- und Mineralstoffgehalte. Insofern ist nachvollziehbar, dass die Art bei einem Anbau im Feld intensiv beäst wird, d. h. unter dem Aspekt Wildschaden als gefährdet einzustufen ist. Die geruchslosen Blüten werden von Tagfaltern und langrüsseligen Hummeln besucht. Der Nährstoffgehalt lässt erwarten, dass die Pflanze bei allen Tierarten attraktiv ist. Unter dem Aspekt „Wildschaden" ist die Pflanze bei einem „Reinanbau" als Sonderkultur einzustufen, die entsprechend zu schützen ist. Wenn die Rote Lichtnelke in der natürlichen Pflanzengemeinschaft mitwächst, wird sie zwar auch beäst, die Beäsung ist jedoch nicht so stark ausgeprägt, dass die Art dadurch beeinträchtigt wird.

führt. Während diese Arten – als ein Beispiel sei die Rote Lichtnelke *(Silene dioica)* genannt – in der natürlichen Pflanzengemeinschaft auch bei höherem Äsungsdruck nicht gefährdet sind, kann bei einem Reinanbau die Beäsung zu Problemen führen. In der Infobox werden die Zusammenhänge am Beispiel der Roten Lichtnelke exemplarisch erläutert.

DIE FRAGE DER BEVORZUGUNG

Die Frage, warum eine Pflanze bevorzugt wird, zählt zu den schwierigsten in der Zoologie und in der Verhaltensforschung überhaupt: Proteingehalt, Nährstoffgehalt und Beäsung sind in der Regel positiv korreliert, d. h. methodisch lassen sich stets Wechselbeziehungen zwischen Pflanzeninhalten und dem Ausmaß der Beäsung feststellen. Trotz intensiver Forschung sind aber auch heute noch viele Fragen ungeklärt, vor allem im Bereich der zentralnervösen Verarbeitung.
Die in der Infobox für die Rote Lichtnelke skizzierten Zusammenhänge gelten für zahlreiche Pflanzen. Die Bevorzugung von Kräutern nimmt vom Rotwild über Sika- und Damwild bis hin zum Rehwild zu. In der Praxis bedeutet dies, dass gerade in Feldgebieten, in denen „nur" Rehe und Hasen vorkommen, ein gezielter Schutz dieser Kulturen angezeigt ist.

BEWERTUNG IN DER FORSTWIRTSCHAFT

Die Berechnung von Wildschäden im Wald wird wegen der langen Produktionszeiträume im Vergleich zur Landwirtschaft – hier spielt sich die Schadensberechnung meist innerhalb eines Jahres ab – deutlich stärker durch theoretische Vorkonzepte und hypothetische Leitvorstellungen bestimmt.

ZINSSATZ UND HAUPTBAUMARTEN

Der zu erwartende Schaden wird auf den Erntezeitpunkt hochgerechnet. Neben den mess- und zählbaren Einflüssen des Wildes auf die Verjüngung bestimmen vor allem die Annahmen zur Verzinsung die tatsächlich zu leistenden Schadenssummen. Wird z. B. in zehn Jahren eine Schadenssumme von 10 000 Euro fällig, hängt der aktuell zu erstattende Betrag wesentlich vom Zinssatz ab: Bei einem Zinsfuß von einem Prozent beträgt der Schaden 9052,87 Euro, bei einem solchen von vier Prozent 6755,64 Euro. Das bedeutet: In einem gut geführten Forstbetrieb mit günstiger Ertragslage ist dasselbe Schadensausmaß proportional „preiswerter" als in einem Betrieb mit schlechter Ertragslage. Dies macht deutlich, dass bei großen Schäden eine gründliche Aufnahme durch Forstsachverständige zu empfehlen ist und auch die relevanten Randbedingungen zu berücksichtigen sind.

NUR AKTUELL VORKOMMENDE BAUMARTEN

Wie schon erwähnt, sind in einem Jagdbezirk nur die Baumarten ersatzpflichtig, die nicht nur vereinzelt vorkommen, d. h. einen Anteil von mindestens fünf Prozent an der Waldfläche im Jagdbezirk haben. Es kann ratsam sein, die Hauptbaumarten im Pachtvertrag zu definieren: Im Interesse aller Beteiligten ist dann allerdings darauf zu achten, dass nicht Baumarten als Hauptbaumarten definiert werden, die im Jagdbezirk aktuell nicht vorkommen und angesichts der aktuellen (Klima-)Situation neu eingebracht werden.

*Fremdbaumarten wie die Zerreiche (*Quercus cerris*) für den Aufbau klimastabiler Wälder gehören nicht als Hauptbaumarten in den Pachtvertrag.*

VERBISSBEWERTUNG – VERFAHRENSKRITIK

Die Berechnung der Verbissschäden geht grundsätzlich von den bei einer Pflanzung zugrunde gelegten Pflanzenzahlen aus, die sich an der angestrebten Zielbestockung orientieren. Zahlenmäßig darüber hinausgehende Pflanzen sind nicht erstattungsfähig (LEONHARDT et al. 2019).

ANNAHMEN DES DEUTSCHEN FORSTWIRTSCHAFTSRATS

Die vom Deutschen Forstwirtschaftsrat (DFWR) herausgegebene Konvention zur Bewertung von Wildschäden im Wald (DUHR 2024) geht für Verbiss-, Fege-, Schlag- und Schälschäden davon aus, dass bei Entschädigung die Wertdifferenz nach Baumschullistenpreisen, ein Pflege- und Nachbesserungszuschlag und bei Totalausfall die Kosten für Ersatzpflanzen zu ersetzen sind.
Bei einem Verbiss von zwei Seitentrieben im oberen Drittel der Pflanze erwartet die Konvention einen Zusatzverlust von einem Jahr und dessen Ersatzpflicht.

MONETÄRE BERECHNUNG PROBLEMATISCH

Wie schwierig angesichts der langen Produktionszeiträume die monetäre Berechnung von Verbissschäden ist, zeigt die Auswertung von REIMOSER und STOCK aus dem FUST-Projekt in Tirol über einen Zeitraum von 1988 bis 2018, d.h. über 30 Jahre. Die Aufnahmen erfolgten nach dem Traktverfahren, d.h. mit einer hinreichenden Genauigkeit.
Im Ergebnis zeigte sich kein einfacher Zusammenhang zwischen den Baumeinsetzungen in den Dickungen und der Wildschadensfeststellung im Jungwuchs und auch nicht mit der Wilddichte. „Dies widerspricht gängigen Wunschvorstellungen über die Treffsicherheit von etablierten Verfahren zur Erfassung und Bewertung von Wildschäden." (REIMOSER & STOCK 2021).
Es empfiehlt sich daher, in jedem Fall bei größeren Schäden die monetäre Bewertung unter Beachtung der standörtlichen und betrieblichen Rahmenbedingungen vorzunehmen (MOOG 2008).

TIPP

Im Unterschied zu der Annahme des Deutschen Forstwirtschaftsrats schadet ein einmaliger Leittriebverbiss nicht zwangsläufig dem Höhenzuwachs – er kann diesen Zuwachs in den Folgejahren sogar steigern. Einen Zuwachsverlust und damit eine verminderte Konkurrenzkraft des Baumes bewirkt meist erst mehrmaliger Verbiss (POLLANSCHÜTZ 1984).

SCHWERPUNKTBEJAGUNG STATT PAUSCHALER ABSCHUSSERHÖHUNG

Für die Praxis bedeutet dies zumindest unter dem Aspekt der Wildschadensverhütung, dass eine Schwerpunktbejagung auf den richtigen Flächen in jedem Fall einer pauschalen Abschusserhöhung vorzuziehen ist (HERZOG 2023) und dass es auch bei der Bewertung wichtig ist, den komplexen Wechselbeziehungen im Ökosystem Wald Rechnung zu tragen.

TOURISMUSGEBIETE – ALLE IM GLEICHEN BOOT

Die Bedeutung von Störungen durch Tourismus, aber auch durch Jagd im Wald ist vielfach untersucht und lange bekannt. Die aktuellen Verfahren blenden dies nach wie vor aus. In intensiv genutzten Tourismusregionen sind Waldbesitzerinnen und -besitzer gut beraten, z.B. bei der Wegeplanung mitzuwirken. Jägerinnen und Jäger ist zu empfehlen, nicht einfach möglicherweise

Schwerpunktbejagung an schadensgefährdeten Flächen ist sinnvoller als pauschale Abschusserhöhungen.

Stockausschläge sind im Hochwaldbetrieb irrelevant für die Schadenserhebung.

überhöhte Erstattungssätze in Pachtverträgen zu akzeptieren oder umgekehrt ihre Verantwortung für eine wald- und wildgerechte Jagd nicht ernst zu nehmen, da sie eine vermeintlich günstige Wildschadensregelung in ihrem Pachtvertrag stehen haben. Und hinsichtlich der Frage des Tourismus sitzen Waldbesitzende und Jagende im selben Boot.

VERBISS-BEWERTUNGSKRITERIEN

Er erscheint zunächst paradox, dass derselbe in einem Bestand festgestellte Schaden, der zum Erntezeitpunkt eine Summe von xy Euro bedeutet, jedoch aktuell zu ersetzen ist, in einem Forstbetrieb mit hoher Produktivität geringer ausfällt als in einem mit geringer Produktivität. Das ist jedoch, wie schon beschrieben, Folge der langen „Verzinsungszeiträume" in der Forstwirtschaft.

WERTZUWACHS

Bei Verbissschäden ist zunächst der Wertzuwachs zu berücksichtigen (Wertdifferenz). Wie im Kapitel „Schadensaufnahme in der Praxis" erwähnt, werden bei einer Pflanzung in der Regel alle Pflanzen berücksichtigt, bei einer Naturverjüngung nur die Pflanzen, die Bedeutung für die Verjüngung haben. So sind z. B. auch Stockausschläge, mit Ausnahme eines regulären Niederwaldwirtschaftsbetriebs auf der Fläche, nicht relevant.

ZUWACHSVERLUST UND TOTALAUSFALL

Zu unterscheiden ist zwischen Zuwachsverlust und Totalausfall. Bei einem Zuwachsverlust ist dieser zu ersetzen. Bei einem Totalverbiss sind zusätzlich zum bisherigen Wertzuwachs die Kosten für die Ersatzbeschaffung, Ersatzpflanzung und die zusätzliche Pflege zu erstatten.
Die Differenzwerte von Jahr zu Jahr sind einschlägigen Tabellenwerten (z. B. LEONHARDT et al.) zu entnehmen. Sie beziehen sich auf Pflanzverbände gemäß guter fachlicher Praxis. Die Werte für Pflanzungen sind auch die Basis für die Bewertung von Naturverjüngungen. Über die Höchstzahlen in den Tabellen hinausgehende Pflanzenzahlen je Hektar sind nicht schadensfähig und nicht zu berücksichtigen.

EIN RECHENBEISPIEL:

In Anhalt an die Tabelle unten soll nachfolgend einmal eine beispielhafte Berechnung vorgenommen werden. In die Berechnung fließen folgende Größen ein

- Tabellendifferenzwert von je 100 Fichten oder Douglasien in Ertragsklasse 2: 7,40 €

Die Himbeere lenkt als beliebte Äsungspflanze von den Hauptbaumarten ab.

- Geschädigte Fläche: 0,6 ha
- Pflanzverband: 3,0 × 1,0 m = 3300 Pflanzen/ha
- Leittriebverbiss: 30 %

Die flächenbezogene Berechnung geschieht wie folgt:
(3300 × 0,6 × 0,3) ÷ 100 × 7,40 € = 43,96 €
Eine flächenbezogene Berechnung ist für den Lebensraum Wald grundsätzlich geeignet. Dies schließt jedoch in Sonderfällen, z. B. in Realteilungsgebieten mit sehr kleinen Teilflächen und geringen Pflanzenzahlen, eine Berechnung über die Pflanzenzahl

JAHRWEISE DIFFERENZWERTE JE 100 FICHTEN
(Pflanzverband 3,0 × 1,0 m ⇒ 3.300 Pfl./ha; nach Leonhardt et al. 2023)

Alter [Jahre]	Ertragsklasse I [€/100 Pfl.]	Ertragsklasse II [€/100 Pfl.]	Ertragsklasse III [€/100 Pfl.]	Ertragsklasse IV [€/100 Pfl.]
6–10	7,90–9,60/Ø 9,00	5,70–7,40/Ø 6,80		
11–16	9,00–10,60/Ø 9,60	6,80–7,90/Ø 7,40	5,10–6,20/Ø 5,70	2,90–4,00/Ø 3,40
17–20	9,60–11,30/ Ø 10,70	7,40–8,50/Ø 7,90		

nicht aus. In diesem Fall wird die Berechnung wie folgt vorgenommen:
Entschädigung = Pflanzenzahl × Wertdifferenz je Pflanze × Pflegezuschlag
Bei einem Totalausfall sind nicht nur die Ersatzpflanze und der Aufwand für ihre Pflanzung zu berücksichtigen, sondern auch
— über einen Pflegezuschlag die für die Standzeit bis zum Schadenseintritt erfolgten Pflegemaßnahmen,
— die jährlichen Wertdifferenzen und
— ein einmaliger Nachbesserungszuschlag.

In Naturverjüngungen werden die Oberhöhenpflanzen zugrunde gelegt. Relevant sind auch hier nur die Pflanzenzahlen, die bei einer Kulturbegründung durch Pflanzung zugrunde gelegt werden.
Die Grundlagen für die Berechnung entnimmt man „Wild- und Jagdschadenersatz“ von LEONHARDT et al. (2018), aktuelle Online-Fassung, der „Konvention zur Bewertung von Wildschäden im Wald“ des Deutschen Forstwirtschaftsrates (DUHR 2024) oder man greift hierzu auf die konkreten Daten vor Ort zurück.
In der Tabelle auf S. 88 hängt bei der Umrechnung der flächenbezogenen Differenzwerte auf pflanzenbezogene Werte die Höhe des Wertes für eine bestimmte Pflanzenzahl von der jeweilen Zahl je Hektar ab. Das Standardwerk enthält weitere Tabellen für in der Praxis übliche und als sachgerecht anerkannte Pflanzverbände. Für vollbestockte Naturverjüngungen wählt man die Tabelle mit dem jeweils engsten Pflanzverband.

NATURVERJÜNGUNG UND GUTE FACHLICHE PRAXIS

Generell empfiehlt es sich, nicht nur bei ersatzpflichtigen Wildschäden die Baumarten und Verjüngungsflächen einzeln zu betrachten und auch mit vergleichbaren Verjüngungsflächen im selben Lebensraum zu vergleichen. Von Interesse ist auch, wie die Verjüngung eingeleitet sowie waldbaulich gesteuert und behandelt wird. Hierzu ein paar Hinweise.

Flächenräumung und Abschieben des Bodens – längst keine gute fachliche Praxis mehr

FLÄCHENRÄUMUNG?

Eine vollständige Flächenräumung und das Abschieben des Bodens sind mit einer zeitgemäßen guten fachlichen Praxis nicht vereinbar. Entscheidend für die Verjüngung ist die Lichtsteuerung. Verjüngung unter Schirm begrenzt die Entfaltung von Kraut- und Strauchschicht.

PFLEGE, ABER RICHTIG

Nach Kalamitäten bzw. Kahlschlägen beginnt die Entwicklung mit der Kahlschlagvegetation und führt dann über die Gebüsch- und Vorwaldentwicklung zum Zielbestand. Werden die Zielbaumarten in dieser Phase eingebracht, ist eine Pflege, d. h. das Zurückschneiden der Begleitvegetation, erforderlich.

Heisterpflanzen (hier Stieleiche) und maßvolle Kulturpflege senken das Schadensrisiko stark.

Im selben Lebensraum, nur fußläufig entfernt: Stieleiche, verbissen nach zu gründlicher Kulturpflege

Die Pflege muss der Bedeutung der Begleitvegetation als Klimaschutz und auch Nahrung für Wildtiere Rechnung tragen.Wird dies bei einem radikalen Rückschnitt nicht beachtet, stellt sich gerade auf größeren Flächen die Frage, ob die Pflegemaßnahme nicht die Rolle des Mitverursachers für Wildschäden gespielt hat.

ENTMISCHUNG UND DIE RANDBEDINGUNGEN

Noch einmal: Für die Feststellung einer Entmischung ist eine umfassende pflanzenökologische Aufnahme und Analyse der Fläche nötig – den Ausfall einer Baumart festzustellen, genügt nicht (SIMON et al. 2024). Die Konkurrenz zwischen den Baumarten wird u. a. bestimmt durch die in den unterschiedlichen ökologischen Ansprüchen begründete Konkurrenzkraft der Arten, die Begleitvegetation und die Vorgeschichte im jeweiligen Betrieb und auch weitere anthropogene Einflüsse wie Stoffeinträge aus der Luft.
Die Bedeutung dieser Randbedingungen ist aktuell vielfach zu beobachten. Neben Betrieben, die mit Erfolg große Pflanzen in die Kahlschlagsukzession setzen, gibt es nach wie vor noch solche mit Flächenräumung. Bergahorn schafft es auch, durch Brombeerherden zu wachsen, auf größeren Flächen hat er so gleich einen natürlichen Verbissschutz. Die Eiche schafft dies wegen ihrer Wuchsform dagegen nicht.

SONDERFALL SCHWARZWILD

Dass Sauen Allesfresser sind und auch Bäume zu ihrem Nahrungsspektrum gehören, ist in allgemein zugänglicher Fachliteratur zwar seit langem beschrieben und bekannt, wird aber hinsichtlich des Waldes oft nach wie vor unterschätzt.
Die „klassische“ Wildschadensbetrachtung orientiert sich beim Wildschwein an der Landwirtschaft (Bioturbation, Brechen). Das Abfressen von Bäumen wird häufig nicht erkannt und bei oberflächlicher Beobachtung den Wiederkäuern unterstellt.
Zu erwarten ist eine Zunahme des Verbisses durch Schwarzwild im Zuge des Klimawandels.

Wie weiter vorn schon einmal beschrieben, ist die Fraßnutzung von Bäumen durch Wildschweine charakteristisch:

— Abstreifen des frischen Laubes im Vollfrühling mit dem Abbiss dünnerer Zweige
— Sehr starker Verbiss an bis zu etwa daumendicken Bäumen, der auch aufgewachsene Verjüngung, die gegenüber den Wiederkäuern schon stabil ist, auflösen kann
— Herausziehen ganzer Bäumchen nach Pflanzung, auf felsigen Böden wie Schiefer und Quarzit gepflanzter Buchen, sowie auf manchen Böden – z. B. Buntsandstein – Herausziehen ganzer Pflanzen auch in Naturverjüngungen
— Herausziehen bzw. Abbeißen von Bäumchen durch die Bachen auf Flächen von etwa 25 m^2 zum Bau der Wurfkessel; die Wurfkesselgröße ist unter Schadenaspekten i. d. R. irrelevant.

TIPP
Es ist allgemein bekannt, dass die flächenhafte Aufnahme von Baumfrüchten wie Eicheln und Bucheckern durch Schwarzwild die Verjüngung verhindern kann. Es macht also durchaus Sinn, bei ausbleibender Verjüngung in Weisergattern nicht nur an die Wiederkäuer zu denken!

Die Standortverhältnisse bzw. Pflanzengemeinschaften, auf denen solche Schwarzwildschäden auftreten, sind karg:

— Nährstoffarme Varianten des Hainsimsen-Buchenwaldes, auch mit Beimischung von Eiche, Calamagrostis-Arten in der Krautschicht (das Bergreitgras [*Calamagrostis villosa*] kommt auch im Tiefland vor)
— „Ausgeblasene" Bestände – der Effekt wird durch Trockenheit und Hitze verschärft

Auch Schwarzwild verbeißt und streift das Laub – hier einer Buche – ab.

Bei der Bewertung der Schäle kommt es auch auf die Stellung des Baumes im Bestand an.

— Fehlende oder sehr spärliche Bodenvegetation, weil die Baumschicht zu dicht ist und das Licht nur für Buchennaturverjüngung ausreicht oder aber massereiche Bodenvegetation aus ungeeigneten Arten wie Calamagrostis besteht

Gelegentlich fällt der Einfluss des Schwarzwildverbisses auf die Waldverjüngung erst auf, wenn im Zuge der Forsteinrichtung festgestellt wird, dass eine Verjüngung, die bei der zurückliegenden Inventur – mit Blick auf Wiederkäuer – als gesichert eingestuft wurde, schwächer geworden ist: Schwarzwild kann noch Bäume „entnehmen", die dem Äser von Rehwild und Rothirsch entwachsen sind.

Einzelstammbetrachtung löst zunehmend Ertragstafeldenken ab – stammweise unterschiedliche Schadensbeträge müssen die Folge sein.

SCHÄLSCHADENSBEWERTUNG

Die monetäre Bewertung von Schälschäden hängt nicht nur vom Ausmaß der Schäle ab, sondern wird von der Stellung der geschälten Bäume im Bestand und den zugrunde liegenden Kalkulationen bestimmt. Schälschäden an unterdrückten Bäumen können wegen der Möglichkeit zur sofortigen Entnahme nicht zu ersatzpflichtigen finanziellen Schäden führen (MOOG 2008).
Die 2013 erstmals vorgelegte und 2024 aktualisierte Konvention zur Bewertung von Wildschäden im Wald (DUHR 2024) ist auf das Vorverfahren im Sinne des § 35 BJagdG ausgerichtet und soll ganz bewusst nicht die Arbeit von Wildschaden bewertenden fachlichen Gutachten ersetzen.

VERFAHREN NACH SCHALLER

Das von SCHALLER (2002) vorgestellte Verfahren berücksichtigt die soziale Stellung des Baumes, d. h. die Frage, ob ein Ersatzbaum vorhanden ist bzw. künftig Ersatzbäume zur Verfügung stehen. In diesem Fall kann der Baum bei den folgenden Durchforstungen entnommen werden, sodass gegebenenfalls nur der durch die Fäule verursachte Vornutzungsschaden anfällt.

VON DER ERTRAGSTAFEL ZUM Z-BAUM

Die waldbauliche Praxis hat sich in den letzten Jahrzehnten von den ertragstafelorientierten Behandlungsmodellen abgewandt und ist verstärkt zu Z-Baum-orientierten Durchforstungs- und Bewirtschaftungsstrategien übergegangen. Hinsichtlich der Bewertung von Schälschäden muss die Schädigung eines Z-Baumes zu einem anderen Schadensbetrag führen als die Schädigung eines Füllbestandsbaumes. Bei der Berechnung werden nur die Bäume berücksichtigt, die im Bestand bleiben.

MONETÄRE ERMITTLUNG

In größeren und komplizierteren Schadenssituationen empfiehlt sich in jedem Fall die Einschaltung von Sachverständigen, die die Schäle unter Berücksichtigung der standörtlichen und betrieblichen Rahmenbedingungen prüfen. Außer der Schäle sind auch andere Beschädigungen mit aufzunehmen. Bei einheitlichen homogenen Beständen bieten sich einfachere Berechnungen und Tabellen an. Ausgangspunkt ist die aufge-

Die vor Ort relevante Faulhöhe und damit Länge nicht verwertbarer Stammabschnitte, hier 2,5 m, wird bei der Schadensberechnung berücksichtigt.

Rückeschäden konzentrieren sich an den Rückegassen, sodass sich auch ältere Schäden zuordnen lassen. Im Laufe des Bestandeslebens können sie erhebliche Ausmaße erreichen.

nommene Fläche, d. h. die Größe der geschädigten Fläche und das Schälprozent. Der Schadenswert für eine vollständige Schäle unter Berücksichtigung

- der betroffenen Baumart,
- der Faulhöhe,
- der Ertragsklasse und
- des Schadenseintrittsalters

ist der Tabelle auf Seite 153 zu entnehmen (LEONHARDT et al. 2023, Aufruf 2024). Auch hierzu ein Rechenbeispiel, ausgehend von folgenden Parametern:

- Baumart, Alter: 15-jähriger Fichtenbestand der Ertragsklasse 2, Faulhöhe: drei Meter ⇒ Tabellenwert: 2505 €
- Betroffene Fläche: 2,1 ha
- Schälprozent auf der betroffenen Fläche: 35 %
- Hieraus ergibt sich folgende Berechnung:
- 2505 € · 0,35 · 2,1 = 1841,18 €

Vor der Berechnung ist das Schälprozent gegebenenfalls um den nicht durch Rotwild verursachten Fäulnisanteil zu reduzieren. Beispiele hierfür sind Rückeschäden, aber auch Fäulnis durch Pilzinfektionen aus dem Boden. So wurden im Wuchsgebiet Sauerland für nicht durch Rotwild bedingte Fäuleschäden an Fichte ein Anteil von 13 % in 50-jährigen und von 29 % in 100-jährigen Beständen gefunden (RICHTER 1976 n. LEONHARDT et al. 2023).

TIPP

Bei großen Unterschieden in den Stammstärken eines Baumbestands und erheblichen Schäden empfiehlt es sich, die Grundfläche der geschälten Bäume einer Berechnung zugrunde zu legen. Damit kann auf das betroffene Holzvolumen geschlossen werden.

Auch im Pilotprojekt Monschau-Elsenborn der Forschungsstelle für Jagdkunde und Wildschadensverhütung NRW in der Eifel betrugen die Rückeschäden in den daraufhin untersuchten Beständen nach einer Durchforstung zwischen fünf und 15 %, im Mittel 7,6 %. Damit lagen die Durchforstungsschäden deutlich über dem gemäß der Erhebungsanleitung für die Schälschadeninventur NRW 2022 offiziell akzeptierten Wert für das Neuschälprozent von einem Prozent.

WILDSCHADENS-VERHÜTUNG

SCHADENSVERMEIDUNG – EIN KOMPLEX

Wildschadensvermeidung und Wildschadensverhütung sind essenzielle Grundlagen nicht nur für den vom Gesetzgeber geforderten Ausgleich zwischen Jagd, Land- und Forstwirtschaft und Naturschutz, sondern auch für die langfristige Akzeptanz der Jagd in der Gesellschaft. Im Sinne eines umfassenden ökologischen Ansatzes sind Wildschäden Ausdruck gestörter Umweltbedingungen und das Wild häufig eher als Symptomverursacher denn als alleinige Problemursache zu sehen ist.

ANSATZ: WILDBESTÄNDE UND LEBENSRAUM

Die Verhütung von Wildschäden muss deshalb sowohl am Wildbestand als auch am Lebensraum ansetzen. Dabei hat sie der Schlüsselrolle von Land- und Forstwirtschaft für die Gestaltung des Lebensraumes, der Jagd für die Anpassung von Wildbeständen und allen Interessengruppen einschließ-

Auch Ausgleichsflächen können der Schadensprophylaxe dienen. Wird z. B. Rotklee in die Vorgewende eingesät, schützt er Rüben vor Schäden durch Feldhasen.

lich des Tourismus für die Raumnutzung von Wildtieren Rechnung zu tragen. Es sei noch mal daran erinnert: Die Notwendigkeit, auch die arteigenen Lebensansprüche der Wildtiere zu gewährleisten, ist als Staatsziel im Grundgesetz formuliert. Und dass die Richtlinien der aktuellen IUCN Rote Liste (2022) auch ausdrücklich genetische Isolierung als Gefährdungsursache berücksichtigen, hat durchaus seine Berechtigung: Unterkieferverkürzungen beim Rotwild in verschiedenen Gebieten sind ein deutlicher Hinweis auf diese Problematik.

WISSEN UND TECHNIK

Um es noch einmal zu betonen: Zur Wildschadensverhütung nur auf eine Reduktion von Wildbeständen zu setzen, geht am Ziel vorbei. Unabhängig von den rechtlichen Rahmenbedingungen geht es in der Praxis darum, Kenntnisse und technische Möglichkeiten auch zu nutzen: Ein drastischer Verzicht auf bewährte technische Maßnahmen der Wildschadensverhütung führt letztlich nur zur Problemverschärfung. Dies gilt sowohl für die Landwirtschaft als auch für die Forstwirtschaft.

SCHADENSPROPHYLAXE LEBENSRAUMQUALITÄT

Lebensraumgestaltung und eine hinreichende Verfügbarkeit geeigneter Lebensräume sind wichtige Beiträge zur Minderung des Wildschadensrisikos. Der Wildschadensprophylaxe dienen vielfach auch Ausgleichsflächen in der Landwirtschaft. Angesichts der Attraktivität von Feldfrüchten in bestimmten Zeiten kommt es darauf an, Ausgleichsmaßnahmen in die Produktionsflächen zu integrieren – Beispiele hierfür sind die Einsaat der Vorgewende mit Rotklee zur Verminderung von Wildschäden durch den Feldhasen in Zuckerrübenanbaugebieten oder auch die Gliederung großer Feldflächen durch Bejagungsschneisen als Maßnahme zur Reduktion von Schwarzwildschäden.

WALDVERJÜNGUNG MIT ROTWILD KANN GELINGEN

Eine Balance zwischen Waldverjüngung und Raumnutzung des Rotwildes ist durchaus möglich: Das zeigen Untersuchungen auf dem Truppenübungsplatz Grafenwöhr (RIESCH et al. 2017, 2019), aber auch die Studien im deutsch-belgischen Pilotprojekt Monschau-Elsenborn. In Belgien ist allerdings die Einzeljagd im Offenland in Pachtverträgen ausgeschlossen, während in Deutschland Offenlandflächen im Wald auch auf der landeseigenen Fläche mit Jagdeinrichtungen für die Einzeljagd bestückt sind.

STÖRUNGSFREIES OFFENLAND

Im Wald geht es darum, Offenlandflächen für das Wild verfügbar zu machen. Hierzu zählt die konsequente Vermeidung der Einzeljagd auf offenen zur Äsung geeigneten Flächen (s. Infobox). Eine Schwerpunktbejagung muss sich auf Verjüngungsflächen konzentrieren.

Abgesehen von dem belgischen Verbot der Jagd auf Offenlandflächen im Wald wird z. T. auch die Besucherlenkung in den Nachbarländern wie Belgien, aber auch Österreich und der Schweiz wesentlich konsequenter und effektiver umgesetzt – und das bei Gewährleistung von Tourismus und Naturerlebnis.

TECHNISCHE WILDSCHADENSVERHÜTUNG

Entsprechend der Zielsetzung des Buches stehen nachfolgend die technischen Maßnahmen der Wildschadensverhütung im

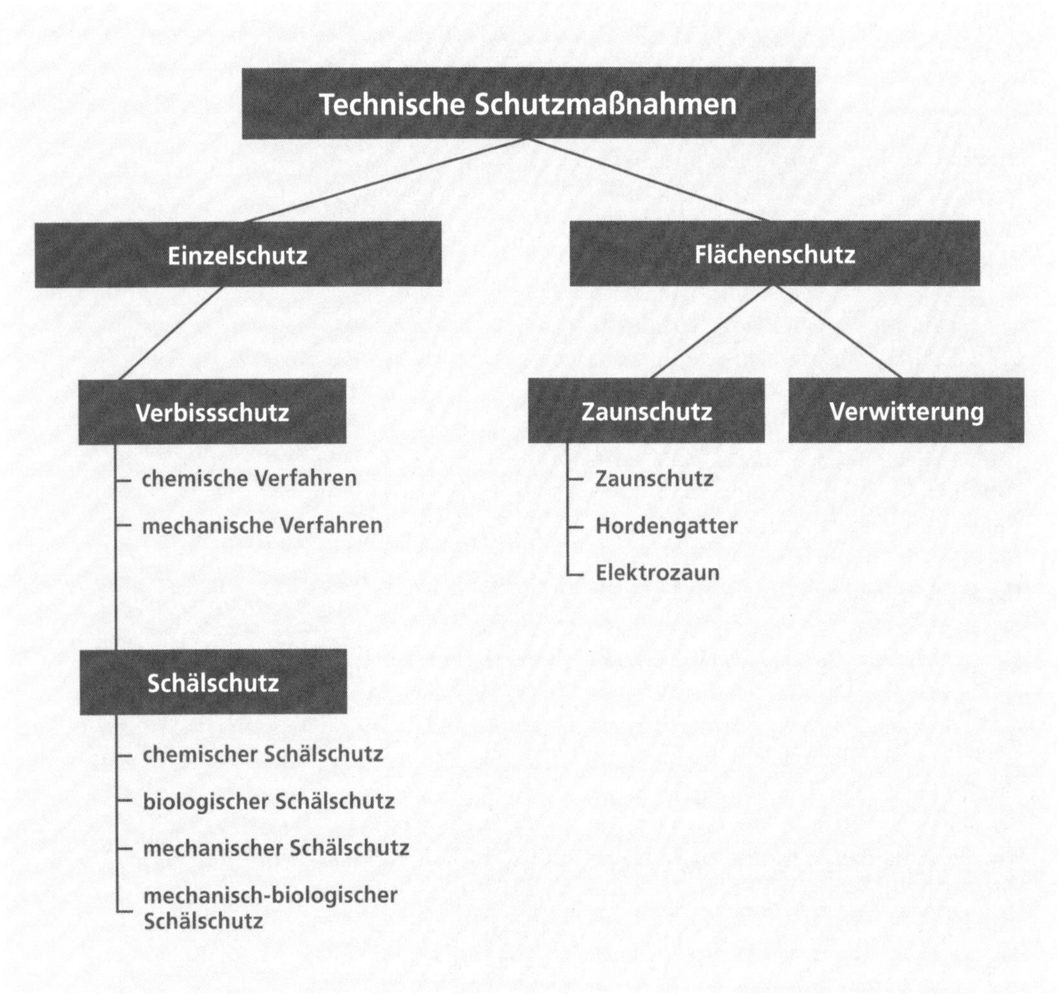

Technische Maßnahmen zur Wildschadensverhütung

Vordergrund. Technische Schutzmaßnahmen werden immer begleitenden Charakter haben, sind bei gezieltem Einsatz jedoch wertvolle Brücken für den Ausgleich. Ein grundsätzlicher Verzicht an jedem Ort und zu jeder Zeit wird weder den vielfältigen Wechselbeziehungen in der Kulturlandschaft gerecht – dies gilt auch für den Wald –, noch kann er im Interesse der Eigentümer liegen.
Eine Übersicht über die Schutzmaßnahmen gibt das Schaubild oben.

SCHADENSVERHÜTUNG AUF AGRARFLÄCHEN

FLÄCHENSCHUTZ DURCH ZÄUNE

In landwirtschaftlich genutzten Bereichen hat der permanente Flächenschutz vor allem Bedeutung zum Schutz im Obst- und Zierpflanzenanbau gegen Feldhasen, Kaninchen, Rehwild, Rotwild und Schwarzwild.

DAUERHAFTE ZÄUNE UND KOMBINATIONEN

Eine dauerhafte Einzäunung kommt insbesondere im Obstbau in Plantagenform infrage. Wirksame Zäune müssen bestimmte Kriterien erfüllen (s. Tab. S. 111) und, wenn sie gegen Wildkaninchen und Schwarzwild schützen sollen, 30 cm in den Boden eingegraben werden.

Eine flächige Einzäunung muss im Obstbau durch einen Einzelschutz der Stämme ergänzt werden. Dieser muss an den Bäumen jeweils mindestens 50 cm hoch sein, bei entsprechender Schneelage auch höher. Auch wenn Winter mit hoher Schneelage seltener geworden sind, können in einem Winter mit Schnee Feldhasen erhebliche Schäden durch Abnagen der Rinde auch stärkerer Stämme verursachen. Sollen nur einzelne Bäume, z. B.

Zäune allein reichen trotz zusätzlichem Kaninchendraht zum Schutz von Obstbaumkulturen nicht aus.

Für Obstbäume und besonders wertvolle Einzelbäume empfiehlt sich zusätzlich ein Einzelschutz.

Schlagschutz und Manschette gegen Hase und Kaninchen im Rotwildgebiet

bei der Neuanlage von Streuobstwiesen, geschützt werden, kommt eine Kombination aus Schutz gegen Rindenschäden durch Hase und Kaninchen und Einzelschutz infrage.

ZÄUNE AUF ZEIT

Temporäre Zäune kommen vor allem zur Abwehr von Wildschäden durch Schwarzwild infrage. In bestimmten Fällen, z. B. unmittelbar am Waldrand und neben Straßen, eignen sich auch Zäune von etwa einem Meter Höhe aus Baustahlgeflecht. Deren Errichtung ist zwar aufwendig, dafür lassen sie sich im Vorbeifahren auf Vollständigkeit kontrollieren, und es besteht keine Gefahr, dass jemand „spaßeshalber" den Strom abschaltet. Solche Zäune zählen nicht zu den ortsüblichen Zäunen, sodass vor der Errichtung die Genehmigung der Unteren Naturschutzbehörde bzw. Landschaftsbehörde einzuholen ist. Reh-, Rot- und Damwild können diese Zäune überfallen. Zur Vermeidung von Verletzungen dürfen daher oben keine langen Enden überstehen. An solchen Abschnitten können ein oben zusätzlich montiertes Querholz bzw. eine dort angebrachte breite Litze Verletzungen beim Überfallen des Zauns verhindern.

ELEKTROZÄUNE GEGEN SCHWARZWILDSCHÄDEN

Zum zeitweiligen Schutz gegen Schwarzwildschäden haben sich vor allem Elektrozäune bewährt. Zur Sicherung gegen Sauen sind drei Drähte im Abstand von 20, 40 und 60 cm, vom Erdboden gemessen, erforderlich bzw. ein entsprechender Netzzaun gegen Schwarzwild.

Kontrolle und Mähen

Für die Funktionssicherheit muss so ein Zaun regelmäßige kontrolliert werden und

Erscheinen Elektrozäune zu anfällig, eignen sich auch Zäune aus Baustahlgeflecht zum Schutz vor Schwarzwildschäden im Mais.

die Bodenvegetation darunter ausgemäht werden, damit die Leistung im Zaun bleibt. Wird sie durch hochwachsende Bodenvegetation abgeleitet, mindert das die Wirksamkeit von Elektrozäunen erheblich bis hin zur Unwirksamkeit.

Pfähle und Griffe

Die Erdung des Elektrozaungerätes muss auch bei längerer Trockenheit funktionieren – sie muss in möglichst feuchtem Boden so tief wie möglich platziert werden. Die Hersteller bieten Informationen zu den technischen Mindestanforderungen und zum Aufbau – hilfreich sind auch einschlägige Internet-Videos. Die Pfähle müssen hinsichtlich Abstands und Festigkeit so gesetzt werden, dass der Zaun windstabil steht. Isolierte Griffe zum Öffnen des Zaunes erleichtern die Bearbeitung des Feldes und erhöhen die Akzeptanz bei den Landwirten.

Elektrozäune mit drei Litzen – oder alternativ Geflechtzäune – schützen gegen Schwarzwild.

Sichtbare Litzen erhöhen die Wirksamkeit von Elektrozäunen deutlich.

Was noch?

Gegebenenfalls muss der Zaun auf dem Rand des Feldes errichtet werden, sodass die dort wachsenden Pflanzen wie etwa Mais vorher zu entfernen und gewissermaßen als „Wildschaden" zu ersetzen sind. Große Felder müssen so frühzeitig eingezäunt werden, dass die Kontrolle auf eventuell darin vorhandene Sauen in jedem Fall sicher möglich ist.

MARKIERUNG

Zäune sollten grundsätzlich für das Wild sichtbar gemacht werden. Hierfür bieten sich Kunststofflitzen oder Signalbänder an, die zwischen den Pfählen aufgespannt werden. Die auf diese Weise erreichte optische Markierung des Zaunes erleichtert dem Wild die Orientierung und erhöht damit die Wirksamkeit des Zaunes wesentlich. Zur Abwehr von Schwarzwild sollte auch die mittlere Litze von Elektrozäunen sichtbar sein. Netzzäune in blauer Farbe werden optisch besser wahrgenommen.
Gerade bei Schwarzwild ist es wichtig, dass es nicht die Erfahrung einer erfolgreichen Zaunüberquerung macht. Wenn Frischlinge unter dem Zaun ins Feld gelangen und sich von der Bache nicht zurücklocken lassen, springt diese auch durch einen Zaun.

FOLIEN UND NETZE

Folien werden als Witterungsschutz und wegen ihres Gewächshauseffektes eingesetzt. Auch wenn sich die gesetzliche Pflicht zur Wildschadenserstattung auf Fasan, Wildkaninchen und Schalenwild beschränkt, ist es ratsam, Qualitäten zu verwenden, die so stabil sind, dass sie die Kulturpflanzen gegebenenfalls auch vor z. B. Gänsen schützen. In gleicher Weise sollte bei Netzen auf Reißfestigkeit gesetzt werden. Folien sind nicht ersatzpflichtig.

VERWITTERUNGS-MITTEL

Verwitterungsmittel eignen sich in Sonderfällen, in denen ein kurzfristiger Schutz für einen begrenzten Zeitraum erforderlich ist.

AUSBRINGUNG

Verwitterungsmittel lassen sich wirksam mittels einer Verwitterungsschnur ausbringen. Dabei wird ein stärkerer Bindfaden in etwa 40 cm Höhe um die gefährdete Fläche gespannt. Hierzu stellt man Pfähle um das

TIPP

Elektrozäune zur Wildschadensverhütung mit Pflanzenschutzmitteln von Bodenvegetation freizuhalten, ist nicht erlaubt – ein Pflanzenschutzmittel mit der Zulassung „Freispritzen von Zäunen" existiert nicht. Die Anwendung anderer Mittel wäre also ein Verstoß gegen § 12 Abs. 1 Pflanzenschutzgesetzt (PflSchG). Außerdem würde der Einsatz von Pflanzenschutzmitteln einen Sachkundenachweis erfordern.

Sinnvoll ist freier einsehbarer Raum zwischen Elektrozäunen und angrenzendem Bewuchs (v. a. Wald).

gefährdete Feldstück und schlägt in deren Stirnseite oben eine Krampe ein. Durch diese Krampen läuft die Verwitterungsschnur, die an den Enden zur Straffung mit eingeschnürten Steinen beschwert wird. Die Schnur selbst präpariert man mit dem Verwitterungsmittel. Alle zehn bis 14 Tage ist eine Nachbehandlung erforderlich. Verwitterungsmittel können natürlich auch über entsprechend getränkte Lappen oder die von einzelnen Herstellern angebotenen Applikationsgefäße ausgebracht werden. Die Gebrauchsanweisung zu diesen Mitteln ist in jedem Fall zu beachten, um Beeinträchtigungen der Feldfrüchte zu vermeiden.

TIPP

Besteht die Gefahr, dass Schwarzwild versehentlich auf einer Fläche eingezäunt ist, hilft die Kontrolle mit einer Drohne. Ist keine verfügbar, gräbt man am Feldrand eine Zinkwanne in den Boden ein und füllt diese mit Wasser. Bei trockenem Wetter verraten die Trittsiegel, ob versehentlich Wild eingezäunt wurde.

KEINE ANWOHNERBELÄSTIGUNG

Um Belästigungen von Anwohnern zu vermeiden, sollten Verwitterungsmittel nicht in unmittelbarer Nähe von Wohnhäusern ausgebracht werden. Zu berücksichtigen ist hierbei auch die bodennahe Luftströmung: So ist es in Mittelgebirgslagen wiederholt zu Beschwerden gekommen, wenn z. B. eine oberhalb von Wohnhäusern gelegene Fläche

Rucola, durch ein Netz vor Fraßschäden durch Vögel geschützt

Folien beschleunigen das Wachstum durch Klimaschutz und schützen zugleich gegen Fraß, insbesondere durch Vögel.

verwittert wurde und die Geruchsstoffe mit der nächtlichen Talströmung über mehrere Hundert Meter in die Wohnhäuser getragen wurden. Im Einzelfall sind Kopfschmerzen und Unwohlsein der Betroffenen möglich.

AKUSTISCHE UND OPTISCHE MASSNAHMEN

Akustische Schutzmaßnahmen, insbesondere die verschiedenen Knalleinrichtungen, wirken nur vorübergehend. Das Wild lernt sehr schnell, dass von der Knallerei keine Gefahr ausgeht. Der Einsatz dieser Mittel ist ohnehin nur in ortsferner Lage möglich, weil nach der Bundesimmissionsschutz-Verordnung derartige Geräte in unmittelbarer Nähe von Wohnhäusern untersagt sind. Wirkungsvoller als Knallgeräte sind im Feld installierte Radiogeräte, weil diese je nach

BEGRENZTE WIRKSAMKEIT

Unabhängig davon, ob computergesteuerte Knallgasgeräte, Leuchten, Radios, andere Tonträger oder Verwitterungsmittel eingesetzt werden: Die hier skizzierten Möglichkeiten helfen nur für eine begrenzte Zeit, da das Wild dank seiner Lernfähigkeit irgendwann registriert, dass von diesen Maßnahmen keine Gefahr ausgeht. Zum zeitweiligen Schutz besonders gefährdeter Flächen sind sie jedoch geeignet.

Programm auf die Sauen mehr oder weniger stark abschreckend wirken. Wichtig ist hier der Wechsel von Musik und Sprache. Radiogeräte sind auf ihre Wirksamkeit hin täglich zu prüfen, denn auch hier kann eine Gewöhnung eintreten. Der Nachteil von Radiogeräten ist ihre Diebstahlgefährdung: Radios sind nachts weit zu hören und werden gern entwendet. Wird der Diebstahl nicht rechtzeitig bemerkt, sind die Schäden dann entsprechend groß. Gegebenenfalls sind solche Abwehrmaßnahmen zusätzlich durch Wildkameras zu sichern.
Optische Geräte wie Blinkleuchten sind ebenfalls möglich. Sie sind ähnlich wirksam wie akustische.

REVIERKENNTNIS, KONTROLLE, BETREUUNG

Erfolgreiche Wildschadensabwehr setzt vor allem Revierkenntnis und regelmäßige Kontrolle insbesondere der gefährdeten Flächen voraus. Insbesondere in größeren Revieren zahlt sich eine professionelle Betreuung aus, und entscheidend ist die Zusammenarbeit der Beteiligten vor Ort, nicht zuletzt auch wegen des in der Feldflur häufigen Wechsels der angebauten Kulturen.

Akustische und optische Vergrämungsmethoden haben eines gemeinsam: eine zeitlich nur begrenzte Schutzwirkung, denn das Wild gewöhnt sich rasch daran.

SCHADENSVERHÜTUNG IM WALD

Im Unterschied zur Landwirtschaft, bei der mit Ausnahme von Obstbaumkulturen und Weinbergen die saisonale Wildschadensprophylaxe im Vordergrund steht, ist die Perspektive im Wald längerfristig, unabhängig davon, ob es um Verbiss oder Schälbelastung geht. In den Wäldern spielen im Vergleich zu landwirtschaftlichen Nutzflächen überdies der Tourismus und damit die Besucherlenkung eine deutlich größere Rolle bei der Wildschadensprophylaxe.

Obwohl zahlreiche Studien in den letzten Jahrzehnten eindrücklich auf die Bedeutung von Störungen für die Entstehung von Wildschäden hinweisen, besteht hier erheblicher Nachholbedarf.

Das gleiche gilt für Maßnahmen der Lebensraumgestaltung. Und bei der Jagd geht es nicht nur um die Einregulierung von Wildbeständen, sondern auch um Intervalljagd und Schwerpunktbejagung auf den waldbaulich und hinsichtlich der Wildschäden relevanten Flächen.

Störungen im Lebensraum erhöhen das Wildschadenrisiko – längst bekannt, aber Konsequenzen werden sehr selten gezogen.

STÖRUNGSREDUKTION

Störungen für das Wild im Lebensraum führen zu Änderungen in der Raumnutzung, d. h. ein Zurückdrängen in dichte, dafür aber äsungsarme Bestände. Zudem führen sie zu Änderungen im zeitlichen Verhalten, charakterisiert durch einen zunehmenden Aufwand für die vorbeugende Feindvermeidung, das spontane Sichern und eine Verschiebung der Aktivitätsphasen in die Nachtstunden. Die Einflüsse der Frequentierung des Lebensraumes durch den Menschen auf Raumnutzung und Zeitverhalten wirken daher unmittelbar wildschadensfördernd.

DECKUNG, VERSTECKTE ÄSUNGSFLÄCHEN UND „BARRIEREN"

Die Belastung des Wildes lässt sich senken durch die Bereitstellung von Deckung und das Anpflanzen von Deckungsinseln, die versteckte Anlage von Äsungsflächen und dort, wo erforderlich, Fütterungen und die Besucherlenkung über den Wegezustand: Zupflanzen von Schneisen, eingeschränkte Wegeunterhaltung, quer liegende Baumstämme und die Förderung von Brombeeren an den Bestandesrändern haben sich bewährt.

BESUCHERLENKUNG

Ausgewiesene Wege und Loipen müssen die Lebensansprüche des Wildes berücksichtigen: Nach den Erfahrungen in den Pilotprojekten in Nordrhein-Westfalen – dem dichtest besiedelten deutschen Bundesland – ist eine einvernehmliche Besucherlenkung möglich, die dem Wild einen ausreichend großen Lebensraum garantiert. Maßnahmen hierbei sind:

— Integration des Jagdbetriebes in das Konzept der Besucherlenkung, d. h., für den Fall ausgewiesener Ruhezonen muss in ihnen auch Jagdruhe herrschen (die Ausweisung von Ruhezonen steht immer erst am Ende aller Maßnahmen)

— Die Wegeplanung muss auf das Wild Rücksicht nehmen und unter Berücksichtigung der Störradien von 200 bis 250 m von den Waldbesuchenden Wegeabstände zwischen 600 und 1000 m anstreben. Die Ergebnisse des Pilotprojektes Kranichstein mit einer Wegelänge von 15 m je Hektar Wald sind nach wie

Quer liegende Baumstämme können bereits Lenkungswirkung entfalten.

Ein Klassiker unter den Lenkungsmaßnahmen sind markierte Wanderwege.

TIPP
Aktive Maßnahmen, d. h. zeitweilig ausgewiesene Ruhezonen, müssen immer auch die Auswirkungen berücksichtigen, die sich aus der Lenkung des Erholungsverkehrs für Nachbargebiete ergeben. Sonst wird nur eine Verlagerung der Probleme erreicht!

vor vorbildlich. Wege sind zur Walderschließung notwendig, sollten jedoch so maßvoll angelegt bzw. gegebenenfalls auch wirksam gesperrt werden, dass sie nicht zusätzlich Wildschäden provozieren.
— In hochfrequentierten Gebieten wird die Akzeptanz der Besucherlenkung durch entsprechende Hinweistafeln erhöht.

Die Lenkung des Besucherverkehrs erfolgt über
— markierte Wanderwege, Reitwege und Loipen,
— entsprechende Beschilderung,
— den Wegezustand,
— renaturierte Wege,
— erschwerter Zugang zu bestimmten Flächen,
— Anlage von Sichtschutzmaßnahmen.

TECHNISCHE MASSNAHMEN – NOTWENDIGKEIT

Die Bedeutung technischer Schutzmaßnahmen zur Wildschadensverhütung hat in den letzten Jahrzehnten zwar insgesamt abgenommen, in der Praxis spielen sie jedoch lokal immer dann eine wichtige Rolle und sind als Versicherungsprämie sinnvoll, wenn sich Schäden entweder nicht vollständig ausschließen lassen oder zeitlich begrenzt örtliche Wildschadenschwerpunkte wirksam entschärft werden sollen.

BEISPIEL SCHÄLSCHUTZ

Ein Beispiel für den ersten Fall ist der Schälschutz bei der Fichte in Rotwildgebieten: Nach gezielten Beobachtungen genügt beispielsweise eine einmalige gravierende Störung bei hoher Schneelage, dass auch bei angepasster Rotwilddichte Fichtenbestände, aber auch andere Baumarten, großflächig geschält werden. Dieses Phänomen ist bereits seit einigen Jahrzehnten bekannt, wird aber nichtsdestotrotz nach wie vor zu wenig beachtet.

WEITERE FÄLLE

Schutzmaßnahmen sind auch in den Fällen vielfach sinnvoll, wenn Waldbestände aus einer Art zu baumartenreichen Beständen weiterentwickelt werden sollen, oder auch auf Kalamitätsflächen nach Sturm und Borkenkäfer. In der Regel kann auch dann nicht auf Schutzmaßnahmen verzichtet werden, wenn als Äsungspflanzen beliebte Laubhölzer in Gebieten eingebracht werden, in denen sie sonst nicht vorkommen.
Technische Wildschadensverhütung ist jedoch immer nur eine begleitende Maßnahme. Mit technischem Schutz allein ist eine auf Dauer erfolgreiche Wildschadensverhütung nicht möglich.
Insbesondere im Hinblick auf die längerfristige Wirksamkeit der Maßnahmen ist zunächst einmal zwischen Flächenschutz und Einzelschutz zu unterscheiden. Die Tabelle auf Seite 112 stellt Vor- und Nachteile der Flächenschutzmaßnahmen im Überblick dar, auf den Seiten 122/123 findet sich eine analoge Übersicht der unterschiedlichen Einzelschutzmaßnahmen.

FLÄCHENSCHUTZ

DRAHTGEFLECHTZÄUNE

Verwitterungsschutz ist im Wald unbedeutend, hier stehen die Einzäunung und der Flächenschutz im Vordergrund.

Kulturzäune haben nur Sinn, wenn die gezäunten Flächen nicht zu groß und dann tatsächlich wildfrei sind. Gezäunte Flächen sind schließlich auch Barrieren!

Mit Augenmaß

Zäune zerschneiden gleichzeitig auch Lebensräume und entziehen dem Wild wertvolle Äsung, sodass sie auf das unbedingt erforderliche Maß zu beschränken sind. Der Einsatz von Zäunen erfordert eine großräumige Planung, vor allem, wenn eine Zäunungsquote von fünf Prozent überschritten wird. Es muss vermieden werden, dass durch „Zaunkombinationen" Barrieren mit entsprechenden Sackgassen entstehen, die den Wildlebensraum zerschneiden und darüber hinaus dadurch auch Wildschäden fördern.

Problem: langfristiges Dichtsein

Ein besonderes Problem stellt das langfristige Dichthalten der Zäune dar. Wegen Beschädigung durch Schwarzwild helfen Schwarzwildklappen und in unmittelbarer Nachbarschaft am Boden verlegte Schwachholzstämmchen entlang des Zaunes. Dabei ist es wichtig, die Wechsel zu kennen. Sauklappen neben den Wechseln werden nicht angenommen. Um eingedrungenes Wild leichter heraustreiben zu können, sollten Tore an den Ecken angelegt werden. Zaunbau ist nur dann sinnvoll, wenn andere Schutzmittel versagen oder wesentlich teurer sind.

Zaungeflecht

Für die Geflechte für Forstkulturzäune haben sich die in der Tabelle auf S. 111 genannten Maße in der Praxis bewährt. Sinnvoll ist es, stets ein Geflecht zu verwenden, das alle zu beachtenden Wildarten, zumindest die Schalenwildarten, berücksichtigt und gegebenenfalls im unteren Bereich durch ein Sechseckgeflecht einen zusätzlichen Schutz vor Hase und Kaninchen bietet.
Qualität zahlt sich bei der Beschaffung der Knotengeflechte wegen der längeren Haltbarkeit und auch Wiederverwendbarkeit aus: Eine starke Verzinkung nach DIN 1548

Hordengatter sind windanfällig. Besonders in exponierten Lagen ist es ratsam, ihre Stabilität durch zusätzliche Holzpfähle im Abstand von vier bis sechs Metern zu erhöhen.

Hordengatter sind gut sichtbar für Wild. Nach Sturmschäden müssen zudem nur einzelne Horden repariert werden. Diagonalstreben machen sie wesentlich stabiler.

bzw. eine Crapo-Verzinkung empfehlen sich in jedem Fall. Die Bezeichnung der Knotengeflechte – z. B. 180/15/30 – bedeutet:

— die Höhe des Geflechtes in Zentimeter (im Beispiel also 180 cm)
— Anzahl der horizontalen Querdrähte (im Beispiel 15 Querdrähte)
— Abstand der vertikalen Drähte (im Beispiel 30 cm Abstand der Vertikaldrähte)

Sollen gleichzeitig Wildkaninchen abgehalten werden, empfiehlt sich die Verwendung von Geflechten, die 25 mm Maschenbreite aufweisen. Jungkaninchen können durch 40-mm-Maschen noch hindurchschlüpfen.

Hinweise

Beim Zaunbau sind Abbau und Entsorgung mit einzubeziehen. Drahtgeflechte kommen in Gebieten mit gefährdeten Arten wie dem Auerhuhn nicht infrage. Unter Tierschutzaspekten darf von Zäunen keine Gefahr für die Tierwelt ausgehen: Klar sichtbare Pfähle reichen aus, wenn das Schalenwild im Vordergrund steht und keine gefährdeten Arten vorkommen. Einfache Scherenzäune genügen den Anforderungen an die Sichtigkeit an vielen Standorten nicht – auch dann nicht, wenn es um den Ausschluss von Reh- und Rotwild geht.

HORDENGATTER

Eine bewährte Alternative zum Drahtgeflecht sind Hordengatter. Dazu werden vier Meter lange vorgefertigte Gattersegmente (Horden) um die zu schützende Fläche aufgestellt. Die Verwendung stärkerer Dachlatten von rund 6 × 4 cm aus Lärche erhöht die Haltbarkeit gegenüber der Verwendung von Fichtenlatten der Maße 4,5 × 2 cm. Bei Ver-

WILDARTEN UND ZAUNGEFLECHTMASSE

SCHUTZ VOR	ZAUNHÖHE	GEFLECHTART	BEMERKUNGEN
Rotwild	2,00 m	Knotengeflecht	› 30 cm-Abstand senkrechte Drähte, 30 cm reicht nur, wenn Rehwild nicht abgewehrt werden soll
Sikawild, Damwild und Muffelwild	1,80 m	Knotengeflecht, Sechseckgeflecht	› Abstand senkrechte Drähte 15 cm bei Knotengeflecht; › Sechseckgeflechte in Damwildrevier: Mindestdrahtstärke 1,6 mm; › Knotengeflechte sind leicht aufzustellen und gewährleisten ruhigen Zaunverlauf, daher i. d. R. zu bevorzugen
Rehwild	1,50 m	Knotengeflecht, Sechseckgeflecht	› Abstand senkrechte Drähte 15 cm bei Knotengeflecht; › Sechseckgeflechte mit 70 mm Maschenbreite zur Abwehr von Hasen
Kaninchen, Hase und Schwarzwild	1,20 m über der Erde, 30 cm in der Erde	Sechseckgeflecht	› Maschenweite 40 mm, Geflecht abgewinkelt 30 cm in den Boden einsetzen; › Gesamtzaunhöhe 1,50 m

FLÄCHENSCHUTZVERFAHREN IM VERGLEICH

MASSNAHME	VOR- UND NACHTEILE
Drahtgeflechtzaun	**Pro** › Langfristig wirksam, wenn die Zäune wilddicht gehalten werden **Kontra** › Laufende Überwachung nötig (eingedrungenes Wild) › Potenzielle Erhöhung des Wilddrucks auf ungezäunte Flächen › Bei regelmäßig hohen Schneelagen untauglich › Verdrahtung der Landschaft, Verletzungsgefahr für Wild, v. a. bei unzureichender optischer Zaunmarkierung › Abfallbeseitigung/Entsorgung notwendig (Lebensdauer von Zäunen gegen Schäle deutlich kürzer als Phase Schälschadensgefahr)
Hordengatter	**Pro** › Natürliche Verrottung, Abbau i. d. R. nicht nötig, Entsorgung ggf. einfacher als die von Drahtzäunen › ökologisch günstiger, da aus ortsnahem Holz › resistenter ggü. Schneedruck als Drahtgatter › Leicht zu öffnen und zu schließen › Leicht zu reparieren › Einfache Zaunkontrolle › Geringe Verletzungsgefahr für Wild wg. relativ leichter Erkennbarkeit und mechanischer Beschaffenheit **Kontra** › Bei nicht optimierter Herstellung gegenüber Drahtgeflecht deutlich höhere Gesamtkosten
Flächenschutz mit Verwitterungsmitteln	**Pro** › Zeitnah ohne größere Vorbereitungen auszubringen **Kontra** › Schutz nur kurzfristig und unsicher

wendung der stärkeren Latten sind Horden von drei Metern längere Zeit gut zu handhaben. Je nach Geländesituation und vorkommenden Wildarten empfiehlt sich eine Gatterhöhe von 1,6 bis zwei Metern. Wildgatterzaunelemente in Rotwildrevieren weisen neun Querlatten auf. Die untere Querlatte hat Bodenkontakt. Die Abstände zwischen den Querlatten im unteren Bereich betragen in den ersten vier Feldern zehn Zentimeter und erhöhen sich dann nach oben über 13 bis 15 auf 17 bis 20 Zentimeter und darüber hinaus. Die Maße sind so gewählt, dass sich unten keine Frischlinge durchzwängen und Rehe nicht hindurchschlüpfen können.

Hordengatter sind für das Wild leichter erkennbar, außerdem geht von ihnen im Unterschied zu Drahtzäunen keine Gefährdung für geschützte Arten wie das Auerhuhn aus. Kleinere auf diese Weise eingezäunte Flächen bis zu einem Hektar werden vom Wild leicht umgangen. Darüber hinaus sind sie auch leichter zu kontrollieren. Bei Beschädigung z. B. durch Windwurf sind zudem nur einzelne Elemente auszutauschen.

INDUSTRIELLE VERBISSSCHUTZMITTEL

Einzelschutzmaßnahmen sind zur Abwehr der Winterverbiss-, Sommerverbiss-, Schäl-, Kaninchen- und Fegeschäden wirtschaftlich durchführbar. Der Einzelschutz kann durch Verwendung chemischer Schutzmittel, durch Anbringung mechanischer Schutzvorrichtungen oder durch Vornahme von Veränderungen an den gefährdeten Pflanzen selbst, wie z. B. durch Herunterbiegen der Äste beim Grüneinband, erreicht werden. Industriell hergestellte Verbissschutzmittel müssen für einen Einsatz in Deutschland zugelassen werden. Die Prüfung soll die Pflanzenverträglichkeit, die Wildabwehrwirkung, die Witterungsbeständigkeit und die Verträglichkeit für Mensch und Tier nachweisen. Über sämtliche zugelassenen Wildschadensverhütungsmittel führt das Bundesamt für Verbraucherschutz und Lebensmittelsicherheit eine „Online-Datenbank zugelassener Pflanzenschutzmittel". Der aktuelle Stand kann beim Bundesamt oder bei den Pflanzenschutzämtern der Länder nachgefragt werden. Die Gebinde zugelassener Wildschadensverhütungsmittel tragen das Zulassungszeichen. Das Pflanzenschutzmittelverzeichnis kann in seiner früheren Form (Pflanzenschutzmittelverzeichnis, Teil 4, [Forst)] beim Saphir-Verlag in Ribbesbüttel bestellt werden. Die im vorliegenden Buch genannten Mittel erheben

Symbolbild: Die amtliche Zulassung chemischer Verbissschutzmittel ist Voraussetzung für deren Einsatz.

keinen Anspruch auf Vollständigkeit. Anwendungshinweise zu Wildschadensverhütungsmitteln sind zu beachten. Eine zu geringe Dosierung beeinträchtigt die Schutzwirkung der Mittel, eine zu hohe kann zu einer erheblichen Schädigung der Pflanzen führen. Bei Verbissschutzmitteln ist auch deshalb eine genaue Beachtung der Gebrauchsanleitung erforderlich. Neben diesen Mitteln gibt es auch zugelassene Hausmittel (s. S. 114).

SOMMERVERBISSSCHUTZMITTEL

Bei den Verbissschutzmitteln wird zwischen Winterverbiss- und Sommerverbissschutz unterschieden.

Zur Verhinderung von Sommerverbiss müssen wachsende, zarte Triebteile behandelt

TIPP

Werden die hier vorgestellten Hausmittel im Streichverfahren ausgebracht, genügt in der Regel eine einmalige Behandlung im Herbst. Wählt man das Spritzverfahren, ist dagegen oft eine Wiederholung des Schutzes nach drei bis vier Monaten notwendig. Das Tauchverfahren ist nicht zu empfehlen, da hierbei mitunter ein zu starker Belag entsteht.

werden. Ihre große Empfindlichkeit bringt es mit sich, dass die chemischen Winterverbissschutzmittel im Regelfall nicht einzusetzen sind.
Die Empfindlichkeit der Knospen ist je nach Baumart unterschiedlich: Laubbäume sind empfindlicher als Nadelbäume. Die Maßnahme kann bei geschlossenen Knospen beginnen. Vor der Anwendung chemischer Verbissschutzmittel sollten die Knospen gestreckt und gegebenenfalls verholzt sein. Die Herstellerangaben sind zu beachten.
Die Mittel können zudem nur aufgespritzt werden, da bei Anwendung des Streichverfahrens die Blätter, Nadeln und Triebe mechanisch geschädigt werden und auch verkleben können. Nur zum Schutz von Nadelholztrieben kann auch die Verbissmittelzange „Kuckuck“ eingesetzt werden.
Die Schutzdauer vor Sommerverbiss ist für die einzelnen Mittel den Herstellerangaben zu entnehmen und kann bis zu sechs Monate anhalten.

WINTERVERBISSSCHUTZMITTEL

Zur Abwehr von Winterverbisss werden verholzte Triebteile in der Zeit der Vegetationsruhe geschützt. Winterverbissschutzmittel sollen möglichst von September bis November an trockenen und frostfreien Tagen auf verholzte Triebe aufgebracht werden. Bei Feuchtigkeit und Frost ist die Haftfähigkeit der Präparate herabgesetzt. Inzwischen sind jedoch verschiedene Mittel im Handel, die auch unter solchen Bedingungen haften.

HAUSMITTEL GEGEN VERBISS

In den Versuchen der Forschungsstelle für Jagdkunde und Wildschadensverhütung

SELBST HERSTELLBARE VERBISSSCHUTZMITTEL

MITTEL 1*	MITTEL 2	MITTEL 3	MITTEL 4
› 45 kg Malerkalk › 50 l Wasser › 5 l Petroleum › 600 g Adhäsit**	› 40 kg Malerkalk › 45 l Jauche › 15 kg Kuhmist (frisch, ohne Stroh)	› 30 kg Malerkalk › 20 kg Sand › 4 l Leinöl › 55 l Wasser	› Blutsalbe › 10 l Rinderblut › 30 kg Malerkalk › 5 kg Fischmehl › 200 g Adhäsit** › 2 kg gewaschener scharfer Sand › 20 l Jauche › 4 kg Kuhmist (frisch, ohne Stroh) › 35 l Wasser

* Nach GRAUMANN
** Adhäsit kann über den Pflanzenschutzmittelhandel oder von Herstellerfirmen bezogen werden.

haben sich, unter anderem im Versuchsrevier Schmidtheim in der Eifel, Hausmittel zum Schutz wintergrüner Nadelhölzer bewährt, sofern nicht ein zu starker Belag aufgebracht wurde. Die Anwendung solcher Mittel ist heute eher die Ausnahme. Wegen ihrer moderaten Kosten und ihrer hohen Wirksamkeit können sie aber durchaus zur Behandlung wintergrüner Nadelhölzer empfohlen werden.

REZEPTUREN

In der Tabelle werden einige Rezepte zur Herstellung von 100 kg Hausmittel in streichbarer Konsistenz angegeben. Um sie spritzen zu können, muss das Verhältnis von festen Bestandteilen zu Wasser bzw. flüssigen Bestandteilen auf etwa 1 : 1,5 bis 1 : 2 abgeändert werden. Die Zutaten erfordern Hygiene bei der Anwendung.

Die Verbissmittelzange „Kuckuck" eignet sich zum Schutz von Nadelholztrieben.

AUSBRINGUNG UND AUFWAND

STREICHEN, SPRITZEN, TAUCHEN

Verbissschutzmittel können durch Streichen, Spritzen, Tauchen der Triebe oder Betupfen der Knospen aufgebracht werden. Als Geräte zur Aufbringung der Mittel kommen verschiedene Bürsten, Rücken- oder Handspritzen – soweit die Mittel streich- oder spritzfähig sind – infrage. Mit der Weiterentwicklung entsprechender Spritzgeräte sind Spritzverfahren in der Regel zeitsparender, sauberer, ergonomischer und auch pflanzenverträglicher in der Ausbringung. Die für den optimalen Schutz der Pflanzen notwendige Menge an Wirkstoff ist den Herstellerangaben zu entnehmen. Es macht keinen Sinn, die Mittel gegen die Empfehlungen der Hersteller mit Wasser zu verdünnen oder mit anderen Mitteln zu mischen. Einsparungen lassen sich durch die Konzentration der Maßnahme auf die stärker gefährdeten Flächen erreichen.

MITTELVERBRAUCH

Der Verbrauch für 1000 Pflanzen schwankt je nach der zu schützenden Trieblänge und Viskosität der Präparate und dem benutzten Auftragsverfahren. Für dünnflüssige Präparate wird ein ausreichender Schutz bei einem Verbrauch von zwei bis vier Litern je 1000 Pflanzen erreicht. Für pastenartige Präparate und dickflüssige Hausmittel liegt der Verbrauch zwischen drei und sechs Kilogramm, sofern sie jeweils per Streichverfahren aufgetragen werden. Die genaue Aufwandmenge ist bei industriellen Präparaten den Herstellerangaben zu entnehmen. Das für die Aufwandmenge vorgesehene Auftragsverfahren ist dabei zu berücksichtigen.

ZEITBEDARF

Der Zeitaufwand für Verbissschutz im Sprühverfahren liegt bei etwa 600 Pflanzen

pro Stunde. Der tatsächliche Wert hängt von der Verteilung der zu schützenden Pflanzen, der Vegetationsstruktur und der Begehbarkeit der Flächen ab.
Werden nur kleine Waldbäume in eine laufende Sukzession gepflanzt und sollen diese geschützt werden, ist der Zeitaufwand pro Pflanze höher als in einer Kultur. Bei der Pflanzung von Baumschulpflanzen in eine laufende Sukzession hat sich die Markierung der zu schützenden Pflanzen mit Tonkinstäben bewährt.

ZULASSUNGSBESCHRÄNKUNG

Die Zulassung der Präparate ist z. T. auf die Abhaltung von Reh- und Rotwild beschränkt (s. „Service", Tab. S. 154 M.). Die aktuellen landesrechtlichen Bestimmungen sind zu beachten. Oft steht nicht die Behandlung großer Pflanzenzahlen im Vordergrund, sondern der gezielte Schutz junger Bäumchen, die in eine laufende Sukzession gepflanzt werden.

01

MECHANISCHER EINZELSCHUTZ

Wertvolle Baumarten, die ganzjährig verbissen werden oder sowohl stark verbiss- als auch fegegefährdet sind, können durch Drahthosen oder Netzhüllen geschützt werden. Kunststoffe sind vielfach heute an die Stelle von Metall getreten. In jüngster Zeit sind Wuchshüllen aus Holz und weiteren Bio-Stoffen dazu gekommen. Bei der Anwendung von Drahthosen und Hüllen ist darauf zu achten, dass die Pflanzen nicht durch zu enge Konstruktionen in ihrem Dickenwachstum geschädigt werden.

WUCHSHÜLLEN

Vorteile

Wuchshüllen, wie z. B. die verschiedenen Tubex-Hüllen, sind nicht nur ein bewährter Schutz gegen Wildverbiss und auch gegen Mäuse, sondern fördern darüber hinaus das Höhenwachstum und den Anwuchserfolg. Ursache dafür ist der im Inneren entstehenden Gewächshauseffekt. Die Hüllen fördern das Aufwachsen der Waldbäume bereits in der Sukzessionsphase und sind bei der Waldentwicklung eine Chance zur Entwicklung von Mischbeständen.
Tubex-Hüllen schützen die ausgewählten Zielbaumarten auch vor der Konkurrenzvegetation, reduzieren den Pflegeaufwand in Kulturen und verkürzen damit die Verjüngungsphase insgesamt.

Mögliche Nachteile

Das um mehr als 50 Prozent beschleunigte Höhenwachstum geht zulasten des Dickenwachstums und damit der Stabilität der Einzelpflanze, wenngleich sich dies mit stei-

02

03

01 Damhirsche – einer ist schon „blank" – in einem Kiefernaltholz. Wuchshüllen zum Schutz der natürlich ankommenden Verjüngung erleichtern die Umwandlung artenarmer Waldbestände.

02 Wuchshüllen schützen vor Wildverbiss und Fegeschäden, fördern das Wachstum und verschaffen den Bäumen einen Vorteil gegenüber der Begleitvegetation.

03 Gezielter Schutz einer Vogelbeere in dem Kiefernbestand in Foto 01

Netzhüllen schützen gegenüber Wild sowie Begleitvegetation und mindern Trocken- und Hitzestress.

Baumschutzgitter zum gezielten Einzelschutz von Eichen im Rotwildgebiet

gender Pflanzenentwicklung ausgleicht. Die Förderung des Sprosswachstums zulasten des Wurzelwachstums kann in bestimmten Fällen zu Instabilitäten führen.

Unter bestimmten Umständen – Grasvegetation, Witterung – siedeln sich auch Mäuse in den Tubex-Hüllen an. Hohe Temperaturen auf Freiflächen können zur Überhitzung

EINSATZ VON GROSSPFLANZEN

Untersuchungen seit den Sturmwürfen der Jahre 1990 und 2007 (Orkane Vivian/Wiebke und Kyrill) haben die Bedeutung der Lebensraumsituation für die Entstehung von Verbissschäden unterstrichen: Dort, wo nur das Holz herausgezogen wurde, der Abraum aber liegen bzw. die Fläche weitgehend der natürlichen Sukzession überlassen blieb, wurden mit Großpflanzen bei entsprechend sorgfältig durchgeführter Baggerpflanzung gute Ergebnisse erzielt. Selbst die Eiche lässt sich ohne weitergehende Schutzmaßnahmen pflanzen. Sowohl Dam- als auch Rotwild lernen fallweise allerdings, die Heister umzuknicken, indem sie den Stamm in den Äser nehmen und das Haupt um 90 Grad wenden. Dies lässt sich bei begrenzter Pflanzenzahl durch die Befestigung an einen daneben eingeschlagenen Pfahl vermeiden.

Kunststoffmanschette an einer Gipfelknopse: In Damwildgebieten scheiden diese Schutzvorrichtungen allerdings aus!

Mit dem Bagger in die Sukzession gepflanzte Großpflanzen, im Bild Traubeneiche, reduzieren das Wildschadenrisiko.

in Wuchshüllen ohne Lüftung und damit zum Absterben der Pflanzen führen.

Fazit

Bei regelmäßiger Beobachtung vor Ort und der Auswahl der zu Standort und Geländeklima passenden Wuchshülle lassen sich die aufgezeigten potenziellen Nachteile von Wuchshüllen weitestgehend vermeiden. Sorgfältige Beobachtung und die Dokumentation vor Ort helfen bei der Auswahl der standörtlich geeigneten Hüllen.

BAUMSCHUTZ- UND NETZHÜLLEN

Wasserversorgung und Temperaturverhältnisse gilt es auch beim Einsatz von Baumschutz- und Netzhüllen zu beachten. Je nach Größe und Konstruktion werden Tonkinstäbe zur Befestigung innen oder außen mit Kabelbindern befestigt. Wichtig ist, dass die Pflanzen innen genügend Platz haben – bei Netzen, die als Meterware geliefert werden, gilt es großzügig zuzuschneiden. Im Unterschied zu Wuchshüllen bieten Netzkonstruktionen keinen Gewächshauseffekt. Dunkle Farben erhöhen jedoch auch hier beim Zusammentreffen von starker Sonneneinstrahlung, Hitze und Niederschlagsmangel den Trockenstress für die geschützten Pflanzen. Der Vorteil ist auch bei den Wuchshüllen der Schutz vor der Begleitvegetation.

SCHUTZ DER GIPFELKNOSPE

Zum mechanischen Schutz der Gipfelknospen eignen sich z. B. Schafwolle, aber auch die verschiedenen im Handel angebotenen Kunststoffhütchen und Schutzmanschetten. Hütchen und Manschetten sind mehrfach verwendbar und werden mit dem fortschreitenden Wachstum der Pflanze jeweils nach oben versetzt. Haben diese Instrumente ihre Aufgabe erfüllt, sammelt man sie einfach wieder ein.
Aber Achtung: In Damwildgebieten dürfen weder Kunststoffmanschetten noch Netze verwendet werden! Im Unterschied zu den übrigen Wiederkäuern nimmt Damwild diese Schutzvorrichtungen gezielt auf und verendet daran.

SCHÄLSCHUTZ

Bei der Verhütung von Schälschäden kommt es vor allem darauf an, die Bäume zu schützen, die im Zielbestand vertreten sein, also die Altholzphase erleben werden. Dies sind die Zukunftsbäume (Z-Stämme). Der Schutz von Bäumen, die im jungen Alter bei den Durchforstungen entnommen werden, ist in der Regel nicht lohnend: Der eigentliche Schaden entsteht durch die Infektion der Schälwunde, die zur Fäulnis führt. Der Zeitraum der Schälgefährdung variiert je nach Baumart und waldbaulicher Behandlung stark. Die Altersrahmen sind für die wichtigsten Baumarten im Kapitel „Ansprache der Verursacher“ (S. 33) bereits angegeben.

Striegeln – die Striegelbahnen sind auf dem Stamm erkennbar – bietet lebenslangen Schälschutz.

Eine wirksame Verhinderung von Schälschäden ist nur dann möglich, wenn die Schutzmaßnahmen rechtzeitig eingeleitet werden. Bei der Fichte erfolgt in vielen Fällen schon in der Altersstufe von 10 bis 20 Jahren der Hauptschälschaden, sodass bereits in dieser Altersstufe geschützt werden sollte.

MECHANISCH-BIOLOGISCHER SCHUTZ

Ein Schutz durch Hobeln oder Kratzen bzw. „Striegeln“ ist bei der Fichte wirtschaftlicher als das Anbringen chemischer Präparate. Die mechanisch-biologischen Schutzmaßnahmen müssen im Unterschied zu den chemischen Verfahren nur einmal durchgeführt werden. Geschehen muss das in der Vegetationsperiode, d. h. von Mitte April bis Mitte September, in höheren Mittelgebirgslagen bis August.

Wirkungsweise

Bei den mechanisch-biologischen Verfahren wird die Rinde verletzt, das Kambium jedoch nicht durchtrennt. Das austretende Harz und die nachfolgende Wundkorkbildung in der Rinde sollen das Wild vom Schälen abhalten. Die umfangreichen Erhebungen der Forschungsstelle für Jagdkunde und Wildschadensverhütung NRW belegen einen Erfolg von 90 %, sodass sich das Verfahren für die Fichte eindeutig lohnt.

Sorgfalt ist wichtig

Die Arbeiten müssen sorgfältig und vorsichtig durchgeführt werden, damit der Holzkörper nicht verletzt wird und keine Eintrittspforten für Pilzinfektionen entstehen. Entscheidend für die Behandlung mit dem Schmidtheimer Striegel – der Schwarzwälder Rindenkratzer ist etwas größer – ist, nur mit geringem Druck zu kratzen. Es soll lediglich der Harzaustritt ausgelöst werden.

Der Schmidtheimer Striegel ist besonders handlich.

Stärkere Verborkung einer Fichte nach dem Striegeln im Detail: lebenslanger Schutz gegen Schälschäden

Kostenreduktion

Zur Reduzierung der Lohnkosten hat es sich bewährt, bei den mechanisch-biologischen Verfahren Trupps aus einem Waldfacharbeiter und je fünf bis sieben Hilfskräften aus dem Kreis interessierter Laien einzusetzen. Da es beim Striegeln auf sorgfältige Arbeitsweise und geringen Druck ankommt, erzielen interessierte und engagierte Laien nach einer entsprechenden Einarbeitungszeit gute Ergebnisse. Die Kosten pro Stamm werden dadurch wesentlich reduziert.

CHEMISCHER SCHÄLSCHUTZ

Die im Pflanzenschutzmittelverzeichnis aufgeführten zugelassenen Schälschutzmittel führt die Tabelle auf Seite 154 unten im Serviceteil des Buchs auf. Der Auftrag chemischer Schälschutzmittel erfolgt zweckmäßig mit einem Pinsel oder bei flüssigen Mitteln mit der Rückenspritze. Die Herstellerangaben sind auch hier wieder zu beachten.
Alle Mittel können sowohl an Laub- als auch an Nadelholz angewendet werden.
Das Schutzmittel muss den Stamm vollständig abdecken und ausreichend dick aufgetragen werden. Das Wachstum wird nach den vorliegenden Prüf- und Versuchsergebnissen nicht behindert.

AUSREICHENDE ARBEITSHÖHE

Egal für welches Verfahren man sich entscheidet, ist eine ausreichende Arbeitshöhe wesentlich: Geschützt werden muss der Stamm zur Abwehr von Sika-, Dam- und Muffelwildschäle vom Erdboden bis auf 1,6 m Höhe, zur Abhaltung des Rotwildes bis auf 1,8 m Höhe. Schneelage oder die Hangstellung der Bäume sind zu berücksichtigen

FEGESCHUTZ

Für den Schutz gegen das Fegen kommen mechanische Vorrichtungen und chemische Präparate infrage (s. auch hierzu Tab. 154 u. im Serviceteil des Buchs). Wuchshüllen und Baumschutznetze schützen gleichzeitig auch gegen Fegeschäden.
Die besonders gefährdete Partie eines Stämmchens liegt zwischen 30 und 80 Zentimetern Höhe. Dieser Abschnitt ist in jedem Fall sorgfältig zu schützen.

EINZELSCHUTZMASSNAHMEN IM VERGLEICH

SCHÄLSCHUTZ

Maßnahme	Vor- und Nachteile
Kratzen oder Striegeln der Rinde	**Pro** › Relativ wirtschaftliches Verfahren › Nur einmalige Behandlung notwendig **Kontra** › Bei nicht sachgerechter Anwendung zu starke Kambiumverletzung und dadurch Schäden am Holz › Vollständiger Schutz erst nach Einsetzen der Verborkung wirksam › Erst spät anwendbar
Rindenhobel	**Pro** › Entasten nicht notwendig › Nur einmalige Behandlung erforderlich **Kontra** › Schädigung des Baumes bei nicht sachgerechter Anwendung › Schutz erst nach Verborkung wirksam
Chemischer Schälschutz	**Pro** › Keine Holzverletzungsgefahr **Kontra** › Arbeitsintensives Verfahren › Wiederholte Behandlung notwendig
Kunststoffnetze (Poly-Net)	**Pro** › Keine Gefahr der Holzverletzung **Kontra** › Bei raschem sekundärem Dickenwachstum nur kurze Schutzdauer › In Damwildrevieren nicht anwendbar, da das Wild die Netze abreißt
Grüneinband	**Pro** › Bei jungen Bäumen möglich **Kontra** › Wirksam nur in der frühen Jugendphase

FEGESCHUTZ

Maßnahme	Vor- und Nachteile
Mechanische Fegeschutz-verfahren	**Pro** › Aufstellen nur einmal erforderlich **Kontra** › Außer bei Fegeschutzstab „Pflanzenheil FSS" und Drahthose Schutz nur bei mäßiger Gefährdung ausreichend
Chemische Fegeschutzmittel	**Pro** › Keine spätere Beseitigung › Keine Einwachsgefahr **Kontra** › Jährliche Ausbringung (März)

VERBISSSCHUTZ

Maßnahme	Vor- und Nachteile
Mechanischer Verbissschutz	**Pro** › Gezielt und baumartenspezifisch einsetzbar **Kontra** › Wirkungsdauer maximal eine Vegetationsperiode › Wuchsbeeinträchtigung möglich
Chemischer Verbissschutz	**Pro** › Gezielt und baumartenspezifisch einsetzbar › Begleitvegetation bleibt für das Wild verfügbar › Je nach Verbissdruck im Sommer und Winter einsetzbar

MECHANISCH

Im Handel sind verschiedene Produkttypen zum mechanischen Schutz vor Fegeschäden erhältlich: Gitterhüllen/Drahthosen in verschiedenen Durchmessergrößen und Höhen, enger anliegende eckige oder runde Manschetten, Fegeschutzspiralen, Tonkinstäbe oder Stachelbäume. Die Bezeichnung (Handelsname) der zum Teil funktionsgleichen Geräte unterscheidet sich von Anbieter zu Anbieter.

Wichtig: laufende Beobachtung und rechtzeitige Entfernung

Alle mechanischen Fegeschutzgeräte können Einwachs- und auch Reibeschäden verursachen. Eine laufende Kontrolle und gegebenenfalls eine rechtzeitige Entfernung der Schutzvorrichtungen sind deshalb von vornherein mit einzuplanen. Der Gefahr des Einwachsens kann und muss durch rechtzeitiges Entfernen der Materialien begegnet werden.

VERANTWORTUNG VON VERPÄCHTERN UND PACHTENDEN

GRUNDSÄTZE

Der Ersatz von Wildschäden erfolgt grundsätzlich nach den Regelungen des Bürgerlichen Gesetzbuches. Wie erwähnt, hat die Vermeidung bzw. Minimierung von Wildschäden Priorität gegenüber deren Vergütung. Eine effektive Wildschadensverhütung liegt im Interesse aller Betroffenen und Beteiligten und kommt langfristig auch der gesellschaftlichen Akzeptanz nachhaltiger Landnutzung zugute. Unabhängig von den bisher aufgezeigten Methoden der Wildschadensverhütung ist es wesentlich, dass alle Beteiligten ihre Verantwortung auch wahrnehmen.

FEHLENDER BEZUG UND MANGEL AN ENGAGEMENT

Die demografische Entwicklung der letzten Jahrzehnte hat dazu geführt, dass vielen Eigentümern gerade auch im Wald der Bezug zur konkreten Fläche verloren gegangen ist. Wer in der Stadt wohnt und eine Waldparzelle geerbt hat, weiß unter Umständen nicht einmal, wo diese liegt.
Und wenn sich niemand findet, der bereit ist, sich im Vorstand einer Jagdgenossenschaft zu engagieren, dokumentiert dies eher mangelnde Verantwortungsbereitschaft als eine vertretbare Kosteneinsparung, weil ja in diesen Fällen die Kommune die Aufgabe übernimmt. Wer nur an einer Pachtpreismaximierung interessiert ist, kann kaum Ausgewogenheit der Belange von Forstwirtschaft, Landwirtschaft, Jagd, Tourismus und Naturschutz erwarten. Zu hinterfragen ist auch, inwieweit eine Kommunalaufsicht, die bei öffentlichen Verpächtern die Orientierung am Höchstgebot verlangt, der staatlichen Verantwortung gerecht wird. Jagdgenossenschaften, die sich nur alle neun Jahre um den Pächter kümmern, können kaum eine Abstimmung vor Ort erwarten.

Wenn ein maximaler Pachtpreis das wichtigste Ziel bei der Reviervergabe ist, fallen andere Aspekte hinten herunter.

ENTSCHEIDEND: PÄCHTERAUSWAHL UND PACHTVERTRAG

Der Auswahl der Pachtenden und dem Pachtvertrag kommt eine Schlüsselrolle für die Zusammenarbeit zwischen den Grundeigentümern und den Pächtern zu. Unabhängig davon, dass allgemeine Empfehlungen eine Einzelfallberatung nicht ersetzen können, hat es sich bewährt, auf folgende Punkte besonders zu achten:

1. Zur Lebensraumverbesserung in Abhängigkeit von der Lebensraumsituation und differenziert nach Land- und Forstwirtschaft ist es notwendig, dass die Verpächter bestimmte Flächen zur Reviergestaltung und Äsungsverbesserung zur Verfügung stellen. Der notwendige Flächenanteil hängt von der Art der Nutzung und der allgemeinen Lebensraumentwicklung ab. Dies erfordert je nach Revier auch eine Abstimmung unter den Grundeigentümern: Ein Waldeigentümer mit einer Waldfläche von nur einem Hektar möchte diese verständlicherweise nicht als Äsungsfläche zur Verfügung stellen.
2. Aktuell besteht ein Trend zu kürzeren Laufzeiten von Jagdpachtverträgen, von ursprünglich einmal zwischen neun und zwölf Jahren auf nur fünf Jahre. Dies bietet den Vorteil, dass sich die Passung zwischen den Interessen der Verpächterseite und der Pächterseite leichter überprüfen lässt. Im Interesse einer nachhaltigen Reviergestaltung (PETRAK 2020) sollte jedoch von vornherein die Möglichkeit vorgesehen werden, bei geeigneten Pächtern die Laufzeit des Pachtvertrages ohne erneute Ausschreibung zu verlängern. Andernfalls besteht die Gefahr, dass die Motivation zur Lebensraumverbesserung auf der Strecke bleibt, da gerade im Waldrevier z. B. die Anlage von Äsungsflächen erst nach einigen Jahren ihre optimale Wirkung entfaltet. Die Verhandlungsoption der Verlängerung muss bei öffentlichen Pachtverträgen bereits im Vorfeld auch haushalterisch abgesichert werden.
3. In jedem Fall empfiehlt sich für die Auswahl der Pächter ein strukturiertes Verfahren aus Bewerbung, gegebenenfalls gemeinsamer Revierbesichtigung und Auswahlgespräch. Je nach der Lage des Revieres und vorkommenden Wildarten sind die Anforderungen an die Pächter unterschiedlich. Sie hängen z. B. davon ab, ob die Jagd in einem großen Naturschutzgebiet liegt, ein durch Landwirtschaft geprägtes Revier ist, ein Jagdbezirk im Ballungsraum, ein normales Waldrevier oder ein von Kalamitäten be-

Jagdpachtvertrag

über den gemeinschaftlichen Jagdbezirk / Eigenjagdbezirk / Teilbezirk*

.... der Gemeinde / des Eigenjagdbesitzers*

...., Jagdbezirk-Nr. ....,

als Hochwildjagd (Schalenwild außer Reh- und Schwarzwild) / Niederwildjagd *.

Zwischen der Jagdgenossenschaft / dem Eigenjagdbesitzer*

....

vertreten durch ....

im nachfolgenden – Verpächter – genannt,

und

1. .... in ....

2. .... in ....

3. .... in ....

4. .... in ....

vertreten durch ....

im nachfolgenden – Pächter – genannt,

wird folgender Pachtvertrag geschlossen:

§ 1

Pachtgegenstand

Der Jagdbezirk .... wird als Hochwildrevier / Niederwildrevier* verpachtet.

Im Jagdbezirk kommen folgende Hochwildarten dauerhaft (Standwild) vor:*

Rotwild - Damwild - Muffelwild

* Nichtzutreffendes bitte streichen.

Der Pachtvertrag sollte die Möglichkeit einer Pachtverlängerung ohne neue Ausschreibung beinhalten.

SCHRIFTLICHE FIXIERUNG VON ZIELVEREINBARUNGEN

Im Interesse einer Klarheit über die gemeinsamen Ziele von Verpächtern und Pachtenden empfiehlt es sich, die im Gespräch vereinbarten Leitsätze noch einmal in der Präambel des Pachtvertrags festzuhalten. Dies können z. B. die Grundsätze eines naturnahen nachhaltigen Waldbaus und die Anforderungen an eine wild- und waldgerechte Jagd als Bestandteil einer naturnahen und wirtschaftlich leistungsfähigen Waldbewirtschaftung sein. Bestimmte Standards wie eine gemeinsame Bewegungsjagd mit den Nachbarrevieren, die Integration in die Hegegemeinschaft und das Jagen in Bejagungsintervallen, die dem Jahresrhythmus des Wildes folgen, sollten ebenfalls vereinbart werden.

troffenes Waldrevier mit Wiederbewaldungsflächen. Mögliche Kriterien für die Auswahl potenzieller Pächter sind

— Lebensalter und Erfahrung,
— die Anzahl der gelösten Jahresjagdscheine,
— Art und Umfang der bisherigen Jagdausübung,
— die Verfügbarkeit eines Jagdhundes und die Entfernung zum Revier. Bei großen Revieren kann die persönliche Nähe auch durch eine professionelle Betreuung z. B. durch einen Revierjäger/in ersetzt werden.

ERWARTUNGSABGLEICH

In einem Gespräch zwischen den Beteiligten sind die Erwartungen und konkret verschiedene Aspekte zu klären:

— Geplante Bejagungsstrategien,
— vorgesehene Maßnahmen der Lebensraumgestaltung,
— Kommunikation mit den Jagdnachbarn und der Hegegemeinschaft,
— Erfahrungen mit und Verhalten gegenüber anderen Nutzungen wie dem Tourismus und
— in Waldrevieren auch die Sichtweisen zum Thema Waldbewirtschaftung und Kalamitätsnutzung.

GEMEINSAME REVIERBEGÄNGE

Sinnvoll ist es in jedem Fall, sich auf zumindest einen jährlichen gemeinsamen Reviergang zu einigen – dies gilt sowohl für Waldreviere als auch für Feldreviere. Dieser jährliche Reviergang wird zweckmäßigerweise durch das regelmäßige Gespräch im Revier an konkreten Flächen ergänzt.

BEJAGUNGSSTRATEGIE

Sinnvoll sind auch Regelungen zur Bejagungsintensität und Abschusshöhe zwischen Verpächtern und Pachtenden. Es ist eine Binsenweisheit, wird aber dennoch häufig zu wenig bedacht, dass bei der Jagdausübung unter dem Aspekt der Wildschadensverhütung nicht nur die Strecke wichtig ist, sondern der Einfluss der Jagd auch auf die Verteilung des Wildes, d. h. die richtige Verteilung zwischen Schwerpunktbejagung und Intervallbejagung.

Ist er der Richtige? Bei der Auswahl eines geeigneten Päch können unterschiedliche Aspekte eine Rolle spielen.

Erinnerungsfoto anlässlich einer Fortbildung. Ein gemeinsamer Reviergang mindestens einmal jährlich ist ratsam.

DOKUMENTATION

Die Jagenden sind gut beraten, ihre eigenen Aktivitäten im Revier, d. h. auch die erfolglosen Ansätze, zu dokumentieren. Es empfiehlt sich, in einer gemeinsamen App Jagdeinrichtungen, Kalamitätsflächen und forstliche Vorrangflächen und die Verortung der Abschüsse einzutragen. Dem Verpächter ist zu empfehlen, sich auch um anderen Einflussfaktoren zu kümmern, also z. B. um touristische Planungen.

FELDREVIERE UND NIEDERWILD

Während bei den Schalenwildarten das Artenspektrum weitestgehend gleich geblieben ist und sich im Wesentlichen der verfügbare Lebensraum, die Verbreitung, die Populationsentwicklung und die Strecken geändert haben, unterliegt bei den Niederwildarten auch das für die Bejagung und Wildschadensverhütung relevante Artenspektrum einem Wandel: Bei der Frage der Wildschadensverhütung steht nicht die akademische Frage im Vordergrund, ob eine Art überhaupt vorkommt, sondern in welcher Besatzhöhe und mit welchen Auswirkungen auf die Landwirtschaft. Es geht darum, welche Wildarten für die Praxis relevant sind.

ANPASSUNGSFÄHIGKEIT UND KOOPERATION

Eine intensive Bejagung ist gerade bei den Gewinnern der Kulturlandschaft angezeigt.

AUCH INTENSIVES JAGEN IST KEINE „SCHÄDLINGSBEKÄMPFUNG"

Auch für Arten, bei denen hohe Strecken notwendig sind, gilt der Elterntierschutz. Und auch dann, wenn es gilt, sehr hohe Strecken zu erzielen, darf dies nicht als „Schädlingsbekämpfung" verstanden werden. Der entscheidende Unterschied zwischen Jagd und Schädlingsbekämpfung liegt darin, dass der Jagende bei der Jagd in – wenn auch im Einzelfall kurze – Beziehung zum erlegten Wild tritt: ein Aspekt, der den Unterschied zur Schädlingsbekämpfung ausmacht.

01

Jagd und Jagende müssen sich an die Entwicklung der Kulturlandschaft anpassen. Der Wandel gehört zum Jagen dazu, auch wenn dies vielen nicht bewusst ist. Auch beim Niederwild ist Kooperation angezeigt, und es gilt auch hier das Gesetz des Örtlichen.

BEISPIELE TAUBEN UND GÄNSE

Im Einzugsbereich von Gemüseanbaugebieten gilt es z. B. , die reguläre Jagdzeit auf Ringeltauben im Winter ab November intensiv zu nutzen. Es genügt hier nicht, nur in den Revieren zu jagen, in denen Schäden auftreten können. Oft sind die Tauben dann gar nicht im Revier und angesichts des großen Aktionsraumes der Vögel reicht die Jagd in den betroffenen Revieren auch nicht aus. Zu den Gewinnern in der Kulturlandschaft gehören viele Gänsearten, wie ein steter Populations- und Streckenanstieg in den letzten Jahren deutlich belegt. Grau-, Kanada- und Nilgänse sind vielfach ganzjähriger Bestandteil auch in den Mittelgebirgen. Zu den brütenden Gänsearten kommen vom Herbst bis in das Frühjahr noch Hunderttausende Saat-, Nonnen- und Blässgänse als Durchzügler und Überwinterer.

TIPP

Wildschadensprophylaxe gilt auch für die Landwirtschaft. Verdeutlicht sei dies noch einmal am Beispiel Krähen: Wer die Konzentration die Vögel im Winter durch offene Silagemieten begünstigt, fördert damit z. B. Krähenschäden nach der Feldbestellung.

EFFEKTIVE GÄNSEJAGD – KEIN WEIHNACHTSGANSVERGNÜGEN

Die wildbiologisch optimale Nutzung der Jagdzeiten gilt deshalb gerade auch für das Niederwild: Zur Reduzierung der steigenden Gänsebesätze und zur Wildschadensprophylaxe ist es notwendig, unmittelbar nach Aufgang der Gänse am 16. Juli mit der Jagd zu beginnen. Ganzjährig geschonte Arten wie z. B. Zwerg- und Saatgans sind im Sommer noch in ihren Brutgebieten Nord- und Osteuropas.
Gänse bevorzugen Äsungsflächen mit Übersicht, von daher folgen sie dem Ern-

02

03

01 Um Feldschäden durch Ringeltauben einzudämmen, genügt kein punktuelles Jagen in einzelnen Revieren.

02 Die starke Zunahme mancher Gänsearten verlangt deren intensive und professionelle Bejagung.

03 Fachgerecht Jagen heißt, im Revier zu sein, wenn es nötig ist – und nicht den Rotwildabschuss auf den letzten Drücker vollziehen zu wollen.

tefortschritt in der Feldflur. Effektive Bejagung erfordert den Austausch zwischen den Landwirten und Jägern, sodass diese über die Erntezeitpunkte der verschiedenen Schläge informiert sind.
Jagd auf offenem Feld erfordert perfekte Tarnung. Eine fachgerechte Jagd mit der Gänseliege unterscheidet sich deutlich von dem gelegentlichen Erlegen einer Weihnachtsgans (LÜBBERS 2018).

DIE PROFITEURE DER KULTURLANDSCHAFT

Während bei den klassischen Niederwildarten heute die Besatzentwicklung eine ganzjährige Schonzeit beim Rebhuhn erfordert oder aber die Nutzung der aktuellen Besatzentwicklung tendenziell angepasst werden muss wie beim Feldhasen, stellen die Gewinner der Kulturlandschaft die Jagenden vor echte Herausforderungen. Entsprechende Vereinbarungen, die am Beispiel der Waldreviere erläutert wurden, sind auch für Niederwildjagden sinnvoll. Dies schließt auch hier die Bereitstellung von Flächen zur Lebensraumverbesserung ein. Die Anpassung von Jagdtechnik und Management an die Entwicklung der Wildbestände bleibt eine Daueraufgabe für Jagd als nachhaltige Nutzung.

ZEITMANAGEMENT

Wer ein Revier pachtet, muss die für das Revier und die vorkommenden Wildarten erforderlichen Zeiten und auch Jahreszeiten im Revier einplanen. Der Weihnachtsurlaub darf keine Begründung dafür sein, im Waldrevier erst im Januar auf Rotwild zu jagen. Und wer ein Niederwildrevier mit gutem Gänsebesatz hat, muss auch die Zeit der Sommerferien für die Jagd im eigenen Revier nutzen. Auch das gehört zur Wildschadensprophylaxe.

WILDTIERE MITTEN UNTER UNS

KONFLIKTPOTENZIAL

Klassische Wildschäden, die Gegenstand dieses Buches sind, konzentrieren sich auf land-, forst- und fischereiwirtschaftliche Nutzungen. Bei einem weitergefassten Begriff – ohne daraus Erstattungsansprüche ableiten zu können – kann man allgemein auch von Schäden durch Wildtiere sprechen. Diese resultieren daraus, dass bestimmte Wildtiere von Menschen beanspruchte Räume zurückerobern und Siedlungen und Verkehrswege immer wieder in den Lebensraum der Wildtiere eindringen – 50 Hektar täglich verbrauchte Fläche in Deutschland geben davon ein trauriges Zeugnis. Der jährliche Flächenverbrauch in Deutschland entspricht etwa der Fläche der Großstadt Hannover.

VORBEUGEN IST BESSER ALS HEILEN

Vorbeugende Maßnahmen, die Konflikte erst gar nicht entstehen lassen, sind nicht nur kostengünstiger und volkswirtschaftlich „richtiger". Sie sind darüber hinaus eine wirksame Öffentlichkeitsarbeit, die bei allen Bürgerinnen und Bürgern Verständnis für Lebensraumnotwendigkeiten der Wildtiere, aber auch die Bedeutung von Nachhaltigkeit wecken und vertiefen kann.

Unser Flächenverbrauch ist gewaltig. Alljährlich geht den Wildtieren Lebensraum verloren, der in etwa der Fläche der Groß- und Landeshauptstadt Hannover entspricht.

Mais, so weit das Auge reicht. Wildschäden sind meist nur Ausfluss solcher mangelhafter Wildtierlebensräume.

WILD IST NIE DIE HAUPTURSACHE

Wie bereits erläutert, lassen sich die wichtigsten Schadgruppen einem bestimmten Verhalten des Wildes zuordnen: Von Rehen beäste Rosenblätter und Sträucher in Hausgärten und Parkanlagen oder eine modellierende Rasengestaltung durch brechende Sauen lässt z. B. die Funktion der Nahrungsaufnahme auffällig in Erscheinung treten.

DAS WILD – EHER OPFER ALS TÄTER

Machen wir uns noch einmal klar: Wild „schädigt" nicht „vorsätzlich". Wildschäden weisen zuallererst auf gestörte Umweltbeziehungen hin. Das Wild selbst ist also nie die alleinige oder hauptsächliche Ursache für entsprechende Konflikte, sondern weist uns durch sein Verhalten auf Mängel in seinem Lebensraum hin.

Bei einem Minimum an Störungsfreiheit gelingt es Rehen, auch stadtische Bereiche zu erschließen.

TIPP

Das Konfliktpotenzial in Siedlungsbereichen wird wesentlich bestimmt durch verschiedene Nutzungen, die Struktur potenzieller Wildtierlebensräume, und die vorkommenden Wildtiere selbst. Bei geschickter Lebensraumgestaltung und angemessener Bejagung im Umfeld lassen sich viele Konflikte begrenzen.

SCHADENSVORBEUGUNG

Konfliktvermeidung bedeutet zunächst immer Konfliktminimierung durch geschickte Flächennutzung – d. h. den menschlichen Siedlungsraum auch aus Sicht der Wildtiere zu betrachten. Das Handbuch „Wildtiermanagement im Siedlungsraum" (PEERENBOOM et al. 2020) bietet eine Hilfestellung für Kreise und Kommunen nicht nur in Baden-Württemberg.

Es gibt vielfach Möglichkeiten, „Schäden" vorzubeugen – sei es durch aktives Handeln, sei es – mindestens ebenso häufig – durch „Nachdenken" und Unterlassen risikofördernder Maßnahmen. Ohne Anspruch auf Vollständigkeit sollen nachfolgend ein paar Problemfelder näher beleuchtet werden.

ÖFFENTLICHE GRÜNFLÄCHEN, FREIZEITANLAGEN

Wenn öffentliche Grünflächen eng mit Lebensräumen verzahnt sind, birgt das ein großes Konfliktrisiko – ein aktuelles Beispiel sind immer wieder in Sportanlagen auftretende Schäden durch Schwarzwild.

So wurden teure Rasenflächen in den Sportanlagen der Universität Bonn wiederholt in Mitleidenschaft gezogen, da die Biotopstrukturen für die Wildschweine eine unmittelbare Anbindung an den Kottenforst

Ob Gärten oder Sportanlagen – insbesondere das Schwarzwild lernt rasch, jagdfreie Räume zu nutzen.

TIPP

Konflikte mit Wildtieren sowohl in Siedlungsbereichen als auch außerorts zu vermeiden, setzt immer voraus, keine grundlegenden Fehler zu begehen. So ist etwa der im Gesetz vorgesehene Schutz von Sonderkulturen gegen klassische Wildschäden in der Praxis auch tatsächlich erforderlich! Und die Eigentümer von Siedlungsgrundstücken sind gut beraten, ihre Gärten einzuzäunen, wenn sie keine Rehe oder Wildschweine im Garten haben wollen.

Taubenkot bedeutete Hygieneprobleme und greift die Bausubstanz an.

Naturnahe Freibadgestaltung bringt Sichtschutz, Schatten und weniger Probleme mit Gänsen.

Regelmäßige Abfallentsorgung mindert Konflikte mit Möwen an Stränden und Badegewässern.

Einfache, kaum sichtbare Schnüre helfen gegen die Verkotung des Pools durch Möwen.

Der beste Schutz für Hausgärten ist eine wildsichere Einzäunung.

Das milde Klima am Südrand der Köln-Bonner Bucht bietet ideale Bedingungen für den Weinbau am Drachenfels … und für so manche Wildtiere wie dem Reh und dem Wildschein.

boten. In einem Fall drang ein Wildschwein sogar bis in den Fitnessraum vor und trieb die eher indoor-erfahrenen Athleten in die Flucht. Wo Sportanlagen und Waldflächen eng verzahnt sind, sind Zäune notwendig. Wer hier spart, provoziert wesentlich teurere Schäden.

VERKOTUNG

Wo Gänse und/oder Möwen vorkommen, werden insbesondere Freibäder nicht selten durch den Kot dieser Vögel verschmutzt. Durch geschickte Gestaltung und weitere Maßnahmen lassen sich solche Probleme deutlich entschärfen: Hecken und Bäume, die gleichzeitig Schatten spenden, lassen Freibäder unübersichtlich und dadurch für Gänse deutlich weniger attraktiv werden. Sehr dünne stabile Nylonschnüre, in 20 bis 30 Metern Abstand und drei bis vier Metern Höhe straff gespannt, reduzieren z. B. wirksam den Anflug von Silbermöwen. Mit Blick auf die Möwenarten gilt es generell, für diese Vögel immer attraktive Abfälle zu vermeiden bzw. offen herumliegen zu lassen.

LANDSCHAFTSSTRUKTUR UND FLÄCHENNUTZUNG

Im Rheintal findet sich oft folgende Aufeinanderfolge von Landschaftsteilen: Fluss und Tal, Siedlungen und Verkehrswege, Weinberge, im Oberhang aufgelassene Weinberge und kleinere Waldpartien, auf der Hochfläche Grünland und Felder. Damit sind

Weinberge für Sauen gut erreichbar und Konflikte vorprogrammiert. Je nach Lage ist eine sachgerechte Einzäunung einfach notwendig.

VERKEHRSWEGE

Bezogen auf den Straßenverkehr sind als wenig durchdachte Maßnahmen, die zu Problemen mit Wildtieren und für sie führen, zu nennen:

— Naturnahe Gestaltung des Straßenumfeldes anstelle einer Gestaltung in der Fläche
— Anbau fruchttragender Bäume
— Biotopgestaltungsmaßnahmen an Verkehrswegen, die über die Anlage von Lebensraumstrukturen das Unfallrisiko im Straßenverkehr deutlich erhöhen: „Leitstrukturen" wie Hecken und Feldgehölze lenken Wildtiere auf die Straße!
— Verspätete Mahd im Straßennahbereich aus Kostengründen – je nach Straßenverlauf und Grundstücksstruktur müssen immer mindestens drei bis sechs Meter neben der Straße einsehbar sein!

BESUCHERLENKUNG

Auch in dicht besiedelten Gebieten müssen Rückzugsräume für Wildtiere belassen werden. Es liegt im Interesse aller Beteiligten, bestehende Anleingebote für Hunde zu beachten: Die typische Häufung von Verkehrsunfällen mit Wildbeteiligung in ballungsnahen Räumen an Sonntagnachmittagen ist nahezu ausschließlich Folge von Störeffekten durch querfeldein gehende Besucher und Hunde!
Kritisch ist in diesem Zusammenhang vor allem auch die Zeit reifer Kastanien und Pilze: Das dann oft flächenhafte Durchkämmen „naturnaher" Restflächen durch die Liebhaber dieser Früchte stört nicht nur Wildtiere, sondern gefährdet auch den Straßenverkehr.

Ob ihnen bewusst ist, dass sie möglicherweise einen Verkehrsunfall mit Wildbeteiligung auslösen?

LANDWIRTSCHAFT UND GRÜNABFALL-DEPONIEN

Schäden in der Landwirtschaft werden provoziert durch eine Gemengelage von Schrottplätzen, Gewerbeflächen und Feldern – so bieten etwa gezäunte Areale Kaninchen ideale Rückzugsräume, aus denen sie nachts in die Felder ausrücken.

ORTSFERNE DEPONIEN

Bei einer Verzahnung z. B. von Grünabfalldeponien mit Einkaufs- und Gewerbegebieten sind Konflikte vorprogrammiert. Die Tendenz des Menschen, die eigenen Mülltonnen weit weg vom eigenen Eingang vor die Tür des Nachbarn zu stellen, zeigt sich auch bei Kommunen und Bundesländern. So hatte eine Grünabfalldeponie an der Grenze zu Nordrhein-Westfalen die Erschließung der Ortslage in Bad Honnef durch das Schwarzwild wesentlich begünstigt. Derartige Deponien und Entsorgungsbetriebe sind nicht nur aus Gründen der Wildschadensminimierung sondern auch der Infektionsprophylaxe schwarzwildsicher einzuzäunen.

TIPP

Die Landwirtschaft ist gut beraten, keine konfliktträchtigen Nahrungsangebote zu schaffen. Haben sich Krähen erst einmal an eine ständig offene Silagemiete gewöhnt, nutzen sie auch die im Folgejahr angebauten Maispflanzen. Regelmäßiges Verschließen der Miete reduziert das Risiko solcher Folgeschäden.

GEBÄUDE

Steinmarder nutzen vielfach Gebäude als Wohnraum. Schäden an öffentlichen Gebäuden wie Parkhäusern, Schulen oder Krankenhäusern, aber auch Privathäusern durch Marder hängen eng mit der Bauausführung zusammen:

Silagemieten sind ein Krähenmagnet. Da ist es nicht weit bis zu Schäden an angebauten Maispflanzen im Folgejahr.

— In der modernen Gebäudetechnik eingesetzte Wärmeschutz-Hohlraumsysteme dürfen keine Einschlupflöcher bieten.
— Notwendige Belüftungen müssen durch Metallgitter verschlossen sein.
— Im Zuge nachträglicher Renovierungen – wenn sich etwa Marder in Hohlraumsystemen befinden – sollten Entweichmöglichkeiten durch nach außen öffnende Klappen verschlossen werden. Die Abdichtung von Hohlräumen reduziert im Herbst das Risiko, dass Mäuse in Häuser eindringen.
— Bei älteren Gebäuden empfiehlt sich eine nachträgliche Abdichtung im Bereich des Daches.

DAS MARDERSICHERE HAUS

Der Landesjagdverband Nordrhein-Westfalen e.V. und die Forschungsstelle für Jagdkunde und Wildschadensverhütung NRW haben in dem gemeinsam herasgegebenen Flyer „Marder in Haus und Auto" nützliche Empfehlungen zusammengefasst, die anhand der Illustration oben hier auszugsweise genannt werden sollen, denn auch die Häuser von Jägerinnen und Jägern können von den anstrengenden Besuchern zur Wahlheimat erklärt werden.

1 Fassadenbegrünung Begrünung zurückschneiden bzw. Rankgitter so montieren, dass der Marder darüber nicht an die Dachfläche gelangen kann.

2 Abschlussbleche der Dachfläche Sind diese Bleche heraufgebogen, dienen sie Mardern oftmals als Eingangstür, gleiches gilt für lose Dachziegel und verrottete Verbretterungen. Aber Achtung: Das ist etwas für Ihren Dachdecker!
Sonstige Zugangswege Daran sollten nur nach außen öffnende Klappen angebracht werden, um dem eventuell im Haus schon vorhandenen Marder eine Fluchtmöglichkeit zu lassen. Verschlossen werden müssen potenziele Zugänge bereits ab einem Durchmesser von fünf(!) Zentimertern,
Einschlupfe Abdichten z. B. mit gelochtem Blech (wenn der Marder nicht im Haus ist!). Solche Einschlupfe finden sich oft zwischen Dachrinne und Dachpfannen.

3 Äste Sie dürfen nicht näher als zwei Meter an die Dachfläche heranwachsen. Soll ein Baum nicht entnommen werden, kann man Marder mit Stamm-Manschetten aus Metall oder mit Elektro-Weidezaungeräten am Hinaufklettern hindern.

Vom Steinmarder durchgebissenes Zündkabel

Im Spätherbst und Winter zieht es auch Mäuse in die Siedlungsbereiche.

4 Komposthaufen Insbesondere wenn sie Küchenabfälle enthalten, sind Komposthaufen eine attraktive Nahrungsquelle – auch für Ratten! Deshalb keine gekochten Speisereste auf den Komposthaufen geben und den Haufen immer abdecken.

5 Kaminholzstapel Auch solche Holzstapel können perfekte Marder- (und Mäuse-)verstecke sein!

6 Haustierfutternäpfe Die Futtereste von Haustieren sind eine willkommene Futterquelle – ebenfalls auch für Ratten! Deshalb sollten sie nur zu den festen Futterzeiten draußen bereitgestellt und das Außengelände nicht zum Selbstbedienungsladen werden.

WAS NOCH?

Im Zusammenhang mit Gebäuden und Wildtieren sind noch weitere Dinge von Bedeutung:

— Der Schutz von Fledermäusen und Vögeln: Fledermaus- und Vogelkästen lassen sich außen an Hauswänden anbringen oder sogar in Wände einsetzen.

— Größere Blumenkübel, die zum Überwintern nicht frostharter Pflanzen in Garage oder Keller gebracht werden, müssen vorher auf Mäuse kontrolliert werden.

— Besonders lernfähig sind Rabenvögel: Problematisch wird es, wenn Krähen den Kitt aus Fensterrahmen hacken. Dagegen hilft, die Vögel gar nicht erst an die Hausnähe zu gewöhnen.

STEINMARDER-"ATTENTAT"

Wichtig ist der Schutz von Kabeln zur Kommunikation, wie ein Vorfall anlässlich der Olympischen Spiele im Sommer 2024 in Paris noch einmal eindrücklich in Erinnerung rief: Nachdem Glasfaserleitungen an einer Fanzone am Schloss von Vincennes nachts an acht Stellen gleichzeitig durchtrennt worden waren, hatte die Abteilung „Cyberkriminalität" die Ermittlungen aufgenommen. Nach einer Mitteilung der zuständigen Staatsanwaltschaft gingen die Schäden an den Glasfaserleitungen aber weder auf militante Olympiagegner noch auf aus dem Ausland gesteuerte Saboteure zurück, sondern auf Steinmarder.

— Wichtig ist im hausnahen Bereich auch die Infektionsprophylaxe. Kleinkinder sollten nicht an Orten wie im Schatten von Treppenaufgängen spielen, an denen Füchse ruhen oder ihre Losung absetzten.
— An einem hinreichenden Schutz von Telekommunikationsleitungen mangelt es nach wie vor (s. Infobox).

FAHRZEUGE

Schäden an Kraftfahrzeugen lassen sich zwar schon bei der Herstellung reduzieren, dies genügt aber nicht immer. Ein probates Hausmittel ist es, ein Stück Kaninchendraht auf den Boden unter den Motorraum zu legen, d. h. bei einem Frontmotor genau zwischen die Vorderräder. Der leichteren Handhabung wegen wird der Draht zwischen zwei Besenstielen oder Dachlatten befestigt: Unregelmäßig nachgebende Drahtstrukturen sind wesentlich wirkungsvoller als ein perfekt mit Rahmen gearbeitetes Gitter. Auf handwerkliche Präzision kommt es hier nicht an.

WINTER

In der winterlichen Notzeit können Wildtiere ihre Nahrungssuche auf Siedlungsräume erweitern. Dies beginnt im Spätherbst mit den Mäusen. Wer dies rechtzeitig bemerkt, sollte die Nager umgehend mit Lebendfallen – als Köder eignet sich besonders Nuss-Nougat-Creme – umgehend herausfangen.

TIPP

Rabenvögel sind bekanntermaßen ausgesprochen lernfähig. Mancherorts benutzen sie Autos zum Nüsse-Knacken. Die Vögel verstehen sich sehr schnell darauf, Walnüsse aus großer Höhe auf Straßen fallen zu lassen – und warten dann, bis die begehrten Baumfrüchte von vorbeifahrenden Autos „geknackt" werden.

In strengen Wintern können auch größere Wildtiere abgelegenen Siedlungen Besuche abstatten. Eine sachgerechte Winterfütterung im Revier ist dem Einwandern in die Ortsrandlage vorzuziehen.

VERSTÄNDNIS UND AKZEPTANZ

Konfliktminimierung und Problemlösungen profitieren in allen Fällen von einer guten Kenntnis der Situation und einem gelingenden Miteinander vor Ort. Verständnis für Lebensansprüche des Wildes und die Bedeutung der Jagd in der Kulturlandschaft sind unverzichtbare Grundlagen. Das Engagement im Siedlungsraum geht zwar über die klassische Erstattung von Wildschäden und die Wildschadensverhütung sowie die eigentliche Jagdausübung hinaus, kann aber Akzeptanz von Jagd, Landwirtschaft, Forstwirtschaft und Naturschutz sowie viel Verständnis für Wildtiere und nachhaltige Nutzung wecken – in einer Gesellschaft, in der Schutz durch nachhaltige Nutzung für viele nicht mehr selbstverständlich ist.

ZUM AUSKLANG

Wildschadensverhütung und eine faire und sachgerechte Erstattung von Wildschäden in Land- und Forstwirtschaft haben historisch und aktuell eine besondere Bedeutung für das Ansehen von Wildtieren und nehmen darüber hinaus eine Schlüsselrolle für die Akzeptanz der Jagd in der Gesellschaft ein.

VERÄNDERTE ZEITEN BRAUCHEN NEUE STRATEGIEN

Gerade beim Thema Wildschaden wird deutlich, dass unabhängig vom naturwissenschaftlichen Sachverhalt theoretische Vorkonzepte und Leitlinien eine wichtige Rolle spielen – zunächst für die Aufnahme und Bewertung und anschließend auch für die Schlussfolgerungen. Dies schließt das Risiko interessengeleiteter Interpretationen ein. Die hohen Energieeinträge des Menschen in die Umwelt und die Vielfachnutzung der Landschaft begünstigen Arten, die auf Populationsebene das Energieangebot erfolgreich zu nutzen vermögen: Ein hohes Zuwachspotenzial, eine gute Jungenfürsorge und ein ausgeprägtes Lernverhalten befähigen sie dazu. Diese Arten kommen mit der relativen Strukturarmut der heutigen Agrarlandschaft im Vergleich zur Situation um die Mitte des 20. Jahrhunderts gut zurecht. Wildschweine und Wildgänse sind eindrucksvolle Beispiele. Diese Tatsache erfordert die Anpassung von Jagdstrategien – unter Beachtung des Elterntierschutzes.

Das brauchen unsere Wildtiere von den Menschen: Verständnis für ihre Belange und Kooperation der verschiedenen Landnutzer. Es geht nur, wenn alle an einem Strang ziehen …

WILDSCHADEN – DIFFERENZIERTE BETRACHTUNG TUT NOT

Mit der wenn auch ungewollten Förderung bestimmter Arten erhöht sich das Wildschadensrisiko – unabhängig davon, ob die Schäden erstattungspflichtig sind oder in Einzelfällen zu Anträgen auf Aufhebung von Schonzeiten führen. Diese Entwicklung erfordert eine artgenaue Zuordnung der Zeichen der Wildtiere – sich bei einer Ansprache am gesetzlich geregelten Erstattungsrahmen, z. B. „Schalenwild", zu orientieren, reicht oft genug nicht mehr aus.
Für die Ansprache der Wildtierzeichen in ihrem Lebensraum und die Beurteilung eines Wildschadens gelten grundsätzlich die methodischen Standards einer qualifizierten Vegetationsaufnahme, wie sie in der DIN-Norm zur vegetationsökologischen Datenerhebung für Aufgaben im Bereich der Landeskultur geregelt ist. Dies schließt die Anpassung der Methodik vor Ort an die konkrete Situation der Flächen ein.

DANK

Mein Dank gilt ausdrücklich allen Kolleginnen und Kollegen, mit denen ich im Rahmen der unterschiedlichsten Untersuchungen und Projekte die allgemeinen Grundlagen zu einer umfassenden Aufnahme und Bewertung erarbeiten durfte. Stellvertretend genannt seien hier der Arbeitskreis Wildbiologie an der Justus-Liebig-Universität Gießen und die Forschungsstelle für Jagdkunde und Wildschadensverhütung des Landes Nordrhein-Westfalen. Für die Möglichkeiten zur Beratung und Entwicklung von Verfahren sowie vielfältigen Austausch und gemeinsame Schulungen danke ich den Landwirtschaftskammern Nordrhein-Westfalen und Niedersachsen sowie den Forstverwaltungen in Nordrhein-Westfalen, Hessen, Niedersachsen und Rheinland-Pfalz.
Für die gemeinsamen Fortbildungen und die Weiterentwicklung der Schulungen für Wildschadenschätzer und Sachverständige bedanke ich mich bei der Oberen und Obersten Jagdbehörde des Landes Nordrhein-Westfalen und dem Landesjagdverband Nordrhein-Westfalen sowie den Seminarteilnehmern.
Ein besonderer Dank gilt den Revierinhabern und den Revierjägerinnen bzw. -jägern für die Einblicke, die sie in ihre Reviere von der Norddeutschen Tiefebene bis in das Hochgebirge gewährten. Die Beschäftigung mit ganz unterschiedlichen Wildschäden im Rahmen von Gerichtsgutachten in Nordrhein-Westfalen, Hessen, Niedersachsen, Baden-Württemberg und Bayern gab interessante Einblicke in die regionalen Unterschiede – ich hoffe, dass dies dem Buch zugutekommt.
Voraussetzung und Grundlage jeder Bewertung sind die Aufnahmen in Wald und Feld: Für die gemeinsame Arbeit gilt mein Dank den Kolleginnen und Kollegen der Wildforschungsstelle NRW: der stellvertretenden Leiterin Dr. Claudia Schmied sowie B. Sc. FW Alexander Klug, FAM Peter Sprenger und für die Unterstützung in den Langzeitprojekten zu Wild und Vegetation FOI Franz Frielingsdorf, RB Bernd Reichelt und FAM Martin Müller sowie außerdem Dipl.-Biol. Olaf Simon am Institut für Tierökologie. Frau Dr. Luisa Fischer, der Leiterin der Wildforschungsstelle NRW danke ich für den weiterhin gewährten Zugang zu Sammlung und Bibliothek.
Dorothea Wenzel und Konny Borutta haben nicht nur zahlreiche Dokumente für die unterschiedlichen Aufnahmen gestaltet, sondern auch die einschlägigen Gutachten geschrieben. Ein besonderer Dank gilt Frau Beate Börding, die das Gesamtmanuskript einschließlich der verschiedenen Formblätter erstellte. Herrn Ass. d. Forstdienstes Ekkehard Ophoven und dem Kosmos-Verlag danke ich für die zuverlässige Begleitung des Buchs sowie dessen ansprechende Gestaltung und sorgfältige Herausgabe.
Bei meiner Frau Diplom-Biologin Petra-Alexandra Sehrt-Petrak und der ganzen Familie bedanke ich mich für das Verständnis und die Geduld, die sie den mit der Vorbereitung des Buches verbundenen Unannehmlichkeiten entgegenbrachten: den zeitlichen Engpässen sowie der Dokumentation von Wildzeichen und interessanten Schadbildern zu oft eher unpassenden Gelegenheiten wie auf Fahrten zu Freunden und Verwandten oder im Urlaub.

SERVICE

Anlage zu § 34 LJG-NRW (Musterformular Anmeldung Wild-/Jagdschaden)

Absender

An die zuständige Gemeinde

ANMELDUNG von

☐ **WILDSCHADEN an**
☐ **landwirtschaftlichen Flächen**
☐ **forstwirtschaftlichen Flächen**

☐ **JAGDSCHADEN**

gemäß Bundes- und Landesjagdgesetz

☐ als Eigentümer/in, ⑥ als Nutzungsberechtigte/r, ⑥ in Vollmacht des Eigentümers/der Eigentümerin,
☐ in Vollmacht des/der Nutzungsberechtigten

1. Angaben zum Geschädigten

Name, Vorname ____________________
Straße, Hausnummer ____________________
Postleitzahl, Ort ____________________
Telefon, Telefax, E-Mail ____________________

2. Angaben zum Schaden

2.1 ⑥ Wildschaden

Gemarkung	Flur	Flurstück	Kultur/ Baumart	Größe (ha)	davon geschädigt	vermutete Schadensursache

2.2 ⑥ Jagdschaden in Form von ....

Der Schaden wurde festgestellt am ______________
(Datum)

3. Angaben zum Ersatzpflichtigen

3.1 *Jagdgenossenschaft:* ____________________
Jagdvorsteher/in
Name, Vorname ____________________
Straße, Hausnummer ____________________
Postleitzahl, Ort ____________________

3.2 *Jagdpächter/in*
Name, Vorname ____________________
Straße, Hausnummer ____________________
Postleitzahl, Ort ____________________

Ich bestätige die Richtigkeit und Vollständigkeit der vorstehenden Angaben und beantrage Schadensersatz.
Den Eingang meiner Schadensmeldung bitte ich mir schriftlich zu bestätigen.

(Datum) (Unterschrift)

☐ Anlage(n) ⑥ Foto(s) ⑥ ______________

Aufnahme von Wildschäden in der Landwirtschaft

Datum: __________

1 Beteiligte

1.1 Ersatzberechtigte/r Geschädigte/r	**1.2 Ersatzpflichtige/r** Jagdgenossenschaft, Jagdpächter/in	**1.3 Zuständige Behörde** Vertreter/in der Gemeinde
Name, Anschrift, Telefon, Fax, E-Mail	Name, Anschrift, Telefon, Fax, E-Mail	Name, Anschrift, Telefon, Fax, E-Mail
Anwesend: ☐ Ja ☐ Nein	Anwesend: ☐ Ja ☐ Nein	Anwesend: ☐ Ja ☐ Nein

1.4 Wildschadenschätzer/in (Name, Anschrift, Telefon, Fax, E-Mail)

1.5 Sonstige Personen (Name, Funktion, ggf. Adresse)

2 Kenntnisnahme und Schadensanmeldung

Kenntnisnahme des/der Geschädigten vom Wildschaden am: __________ (Datum)

Anmeldung des Wildschadens bei der zuständigen Behörde am: __________ (Datum)

3 Grundstücke

Angaben zu den beschädigten Grundstücken → Gemarkung, Flurstück-Nr., Größe (ha), Fruchtart:

4 Schaden (Wichtig: Fotografieren und dokumentieren → Trittsiegel, Losung, Fraßspuren)

4.1 Wildart(en) (Wildart, angesprochene Zeichen)

4.2 Art der Schädigung (Schadbild)

4.3 Alter des Schadens (Wann ist der Wildschaden entstanden? Bei Schadensentstehung zu unterschiedlichen Zeitpunkten sind die Schäden getrennt nach Alter zu erfassen.)

4.4 Weitere mögliche Schadensursachen (z.B. Maschinenschaden, Vornutzung, Bestellung, Pilzinfektionen, Schäden durch andere Tiere als Schalenwild, Wildkaninchen oder Fasanen, insbesondere durch Nagetiere oder Insekten, Unwetter, Schlagschatten)

4.5 Größe der beschädigten Fläche (Teilfläche I + Teilfläche II usw.)

4.6 Zu wie viel Prozent geschädigt (z.B. Teilfläche I zu 80 %, Teilfläche II zu 50 % usw.); Berücksichtigung in 4.6

4.7 Angaben zur Wiederherstellung / zum Schadensausgleich (nur zusätzliche oder nicht sowieso erforderliche Maßnahmen)

4.8 Berechnung des Schadens → verwendete Tabellen und zugrunde gelegte Werte

4.9 Möglichkeiten zur Schadensminderung

4.10 Abzüge / Ersparte Aufwendungen infolge des Wildschadens
Arbeitsvorgänge/Kosten, die erspart werden (z.B. Trocknungskosten Mais):

Bestehen einer Vorsteuerabzugsberechtigung (bei optierenden Betrieben):

4.11 Verfahrenskosten
Wildschadenschätzer/in: __________ (€) Mitarbeiter/in der Gemeinde: __________ (€) Gesamt: __________ (€)
Aufteilung dieser Verfahrenskosten zwischen:
Landwirt/in (Ersatzberechtigte/r): __________ (€) und Jagdpächter/in (Ersatzpflichtige/r): __________ (€)

4.12 Vorläufig geschätzter Schadensbetrag in Euro (endgültige Feststellung zu einem späteren Zeitpunkt, siehe Ziffer 5)

5 Endgültige Feststellung des Schadens zum Zeitpunkt der Ernte / zu einem späteren Zeitpunkt

Berücksichtigung anderer / weiterer Schadensereignisse; Vorher-Nachher-Vergleich
☐ Ja ☐ Nein

Wenn ja, Datum ____________ und Unterschriften. Wenn nein, dann weiter bei Ziffer 6.

5.1 Ersatzberechtigte/r Landwirt/in	5.2 Ersatzpflichtige/r Jagdpächter/in	5.3 Vertreter/in der Gemeinde	5.4 Wildschadenschätzer/in

6 Endgültige Schadensfeststellung

Endgültig geschätzter Schadensbetrag in Euro (ggf. neue Berechnung unter Ziffer 8):

7 Einigung

Über die Höhe des entstandenen Schadensbetrags besteht ein beiderseitiges Einvernehmen
☐ Ja ☐ Nein

Datum ____________ und Unterschriften

7.1 Ersatzberechtigte/r Landwirt/in	7.2 Ersatzpflichtige/r Jagdpächter/in	7.3 Vertreter/in der Gemeinde	7.4 Wildschadenschätzer/in

8 Sonstige Bemerkungen

Anlagen: Karte, Skizzen, Fotos

Richtsätze für die Bewertung von landwirtschaftlicher Kulturen

Stand: September 2024

Die vorliegenden Richtsätze sollen eine sachgerechte Bewertung von Aufwuchsschäden an landwirtschaftlichen Kulturen in solchen Fällen ermöglichen, in denen die Einschaltung eines Sachverständigen, z. B. wegen des geringen Schadenumfangs, nicht vorgesehen ist (Einzelschäden bis 1.000 € durch Bauarbeiten, Ver- messungsarbeiten, Wildschäden u. a.). Bei größeren Schäden und in Streitfällen muss dagegen regelmäßig eine genaue Begutachtung und Bewertung erfolgen, um betriebliche und regionale Besonderheiten und gegebenenfalls schadenmindernde Umstände zu berücksichtigen. In diesen Fällen sollte ein öffentlich bestellter und vereidigter Sachverständiger beauftragt werden. Weichen die Erträge von den vorgegebenen Ertragsstufen nach oben oder nach unten ab, so sind die tatsächlichen Erträge anzunehmen.
Die angegebenen Preise stellen durchschnittliche Erzeugerpreise frei erster Erfassungsstufe ohne Umsatzsteuer (= netto) für den Zeitraum der Ernte 2024 dar. Aktuelle Marktdaten-Infos sind bei der Landwirtschaftskammer Nordrhein-Westfalen abrufbar unter: http://www.agrarmarkt-nrw.de/.

In den angegebenen Preisen und Richtwerten ist die Umsatzsteuer nicht enthalten. Weichen die erzielten Preise von den Marktpreisen in der Tabelle ab, ist mit diesen zu rechnen. Bei Produkten, die in der Regel im landwirtschaftlichen Betrieb verwertet werden, sind die Ersatzbeschaffungspreise berücksichtigt.
In den Richtsätzen für Getreide ist das Stroh enthalten. Die Flächenprämien der EU sind in den Richtwerten nicht enthalten! Wenn durch ein Schaden- ereignis der Prämienanspruch verloren geht, ist dieser gesondert zu entschädigen.

Tabelle 1: Entschädigungssätze für Ackerkulturen

Marktfrüchte	Haupt-/ Nebenfrucht Verhältnis[1]		Hauptfrucht	Stroh	Bei einem Ertrag von ... dt/ha beträgt der Wert des Aufwuchses ... Cent/m²									
					Ertragsstufe 1		Ertragsstufe 2		Ertragsstufe 3		Ertragsstufe 4		Ertragsstufe 5	
			Preise €/dt [2]		dt/ha	Cent/m²	dt/ha	Cent/m²	dt/ha	Cent/m²	dt/ha	Cent/m²	dt/ha	Cent/m²
Brotweizen	1	0,8	19,10	12,00	65	18,7	75	21,5	85	24,4	95	27,3	105	30,1
Futterweizen	1	0,8	18,70	12,00	65	18,4	75	21,2	85	24,1	95	26,9	105	29,7
Roggen	1	0,9	16,10	12,00	55	14,8	65	17,5	75	20,2	85	22,9	95	25,6
Triticale	1	0,9	17,10	12,00	55	15,3	65	18,1	75	20,9	85	23,7	95	26,5
Gerste	1	0,7	16,90	10,80	60	14,7	70	17,1	80	19,6	90	22,0	100	24,5
Braugerste	1	0,7	23,90	10,80	50	15,7	55	17,3	60	18,9	65	20,4	70	22,0
Hafer	1	1,1	20,70	10,80	50	16,3	55	17,9	60	19,5	65	21,2	70	22,8
Körnerraps	1		43,50		30	13,1	35	15,2	40	17,4	45	19,6	50	21,8
Körnermais3)	1		21,00		70	14,7	80	16,8	90	18,9	100	21,0	110	23,1
Corn-Cob-Mix3)	1		16,40		100	16,4	114	18,7	128	21,0	142	23,3	156	25,6
Futtererbsen	1		23,60		35	8,3	40	9,4	45	10,6	50	11,8	60	14,2
Zuckerrüben3)	1		4,10		550	22,6	650	26,7	750	30,8	850	34,9	950	39,0
Industriekartoffeln	0,9		18,60		350	58,6	425	71,1	500	83,7	575	96,3	650	108,8
Speisek.Handel	0,8		37,00		300	88,8	375	111,0	450	133,2	525	155,4	600	177,6
Speisek.abHof4)	0,8		66,00		200	105,6	235	124,1	275	145,2	315	166,3	350	184,8

1) Auf 100 kg Weizen werden 80 kg Stroh unterstellt, bei den anderen Getreidearten fallen je nach Art 70 bis 110 kg Stroh je 100 kg Kornertrag an.
2) Durchschnittliche Erzeugerpreise 2024;
3) Preiserwartung
4) Verkaufspreis abzüglich Lagern, Sortieren, Verpacken; Richtsätze für die Bewertung landwirtschaftlicher Kulturen ökologisch wirtschaftender Betriebe finden Sie über das Regierungspräsidium Kassel
(Link: https://rp-kassel.hessen.de/umwelt-natur/landwirtschaft/sachverst%C3 %A4ndigenshywesen/aktuelles-downloads-infos)

Tabelle 2: Entschädigungssätze für Ackerfutter

Futterpflanzen	Hauptfrucht	Bei einem Ertrag von ... dt/ha beträgt der Wert des Aufwuchses ... Cent/m²									
		Ertragsstufe 1		Ertragsstufe 2		Ertragsstufe 3		Ertragsstufe 4		Ertragsstufe 5	
	€/dt	dt/ha	Cent/m²	dt/ha	Cent/m²	dt/ha	Cent/m²	dt/ha	Cent/m²	dt/ha	Cent/m²
Silomais	4,50 1) 3)	400	18,0	450	20,3	500	22,5	550	24,8	600	27,0
Feld- u. Kleegras	6,00 2)	200	12,0	225	13,5	300	18,0	375	22,5	450	27,0
Zwischenfrüchte: 2) - für Futter	6,00 2)	60	3,6	90	5,4	120	7,2	150	9,0	180	10,8
- für Gründünger	–	pauschal 3 bis 5 Cent /m²									

1) Ersatzbeschaffungspreis Maissilage;
2) Ersatzbeschaffungspreis Grassilage
3) Bei Lieferverträgen für die Erzeugung von Biogas ist der festgelegte Preis als Basis der Entschädigung anzusetzen.

Bei Silomais und anderen Grün- und Silagefuttermitteln ist ein Ersatz zunächst durch innerbetriebliche Maßnahmen anzustreben. Dies ist bei kleinen Schäden i. d. R. möglich. Falls dies nicht möglich ist, ist ein Zukauf des gleichen Futters zu prüfen.

Ist auch dies nicht möglich, können stattdessen die Ersatzfutterkosten anderer geeigneter Wirtschafts- und Kraftfuttermittel (z. B. Getreide o. Kraftfutter) in Ansatz gebracht werden.

Tabelle3:Entschädigungssätze für Aufwuchs Dauergrünland

	Bei einem Schaden zum Zeitpunkt ... beträgt der Wert des Aufwuchses ... Cent/m2					
Anzahl Nutzungen pro Jahr	bis zur 1. Nutzung	zwischen 1. und 2. Nutzung	zwischen 2. und 3. Nutzung	zwischen 3. und 4. Nutzung	zwischen 4. und 5. Nutzung	Gesamt-Jahres-entschädigung
1 x Weideoder 1 x Mahd	6,90–9,20					6,90–9,20
1 x Mahd + 1 x Weide	6,90–9,20	4,60–6,90				11,50–16,10
3 x Nutzung	6,90–9,20	4,60–6,90	3,50–4,60			15,00–20,70
4 x Nutzung	6,90–9,20	4,60–6,90	3,50–4,60	2,30–4,60		17,30–25,30
5 x Nutzung	6,90–9,20	4,60–6,90	3,50–4,60	2,30–4,60	2,30–4,60	19,60–29,90

Bei erforderlichen Grünlandreparaturen, z. B. nach Wildschäden, muss sich die Grasnarbe neu entwickeln. Neben dem 1. Aufwuchs können weitere Aufwüchse betroffen sein und müssen entsprechend den Einzelrichtwerten entschädigt werden (z. B. 6,90 Ct + 4,60 Ct + 3,50 Ct = 15 Ct/m²).
Die Wiederherrichtung zerstörter Grasnarben ist praxisgerecht auf Basis Maschinensätze zu kalkulieren. Soweit Lohnunternehmer mit Spezialmaschinen zur Verfügung stehen, sind deren Stundensätze für die Reparatur anzunehmen. Der Zeitaufwand ist nach den tatsächlichen Verhältnissen zu kalkulieren.
Die Stundensätze bei Eigenmechanisierung der Landwirte sind in Anlehnung an die Erfahrungssätze für überbetriebliche Maschinenarbeiten der Landwirtschaftskammer zu berechnen. Hierbei ist eine geringere Flächenleistung durch tiefe Aufbrüche und Verteilung über die Gesamtfläche zu unterstellen. Die aktuellen Erfahrungssätze für überbetriebliche Maschinenarbeiten finden Sie unter dem Link: http://www.landwirtschaftskammer.de/landwirtschaft/download/index.htm
Bei erforderlicher Handarbeit (z. B. einzelne Schwarzwildaufbrüche, starke Hanglage o. ä.) ist ein Stundenlohn in Höhe von 21 – 28 €/Stunde angemessen.
Weidezaun für Rindvieh aus verzinktem Stahldraht, 2,5 mm, ca. 1,00 bis 1,20 m hoch mit ca. 3 – 4 Drähten, einschl. imprägnierten Holzpfosten, ohne Weidezaungerät 15,00 – 20,00 €/lfd. m incl. MwSt.

Literatur: Weitere Hinweise und Hilfen für die Bewertung von Aufwuchs und Aufwuchsschäden enthält die Broschüre „Berechnungsgrundlagen für die Ermittlung von Schäden an landwirtschaftlichen und gärtnerischen Kulturen und Grundstücken".
Die Broschüre ist für 19,90 € beim Verband der Landwirtschaftskammern, Claire-Waldoff-Str. 7, 10117 Berlin, Tel. 030 31904 – 500, Fax 030 31904 – 520, zu beziehen.

Aufnahmeblatt Verbisserfassung

Datum: ___________

1. Aufzunehmender Bestand (Holzart, Altersklasse, Struktur, Angebot an Äsung und Deckung):
   ____
   ____
   ____
2. Größe der aufzunehmenden Verjüngungsfläche (ha): ______
3. Anzahl der aufgenommenen Transekte und Anzahl der aufgenommenen Pflanzen: _____, ______
4. Ermitteltes Verbissprozent nach Baumarten:

	Baumart: _________	**Baumart:** _________	**Baumart:** _________
Verbissprozent			

Die anliegende Tabelle ist Hilfsmittel für die Zählung. Ein Schusszähler erleichtert die Arbeit.

	Baumart: ____________		**Baumart:** ____________		**Baumart:** ____________	
	mit Leittrieb-verbiss	ohne Leittrieb-verbiss	mit Leittrieb-verbiss	ohne Leittrieb-verbiss	mit Leittrieb-verbiss	ohne Leittrieb-verbiss
Anzahl						

Erhebungsbogen Schäle

Aufnahme von Schäle durch (Name): ______________________________	Datum: __________
Ort / Abteilung / Unterabteilung: ______________________________	Größe der betroffenen Fläche: __________

	Baumart: __________					**Baumart: __________**				
		Aktuelle Schäle		**Altschäle**			**Aktuelle Schäle**		**Altschäle**	
	Ungeschält	Stamm	Wurzel	Stamm	Wurzel	**Ungeschält**	Stamm	Wurzel	Stamm	Wurzel
Anzahl										

Berechnung der Schadenssumme:

Schadensbetrag je ha eines zu 100 % geschälten Bestandes x relatives Schälprozent (0,7 = 70 %) x Flächengröße = __________ €

SCHADENSBETRÄGE JE HEKTAR EINES ZU 100 % GESCHÄLTEN FICHTENBESTANDES

(aus Leonhardt et al. 2023; Download 2024)

Bestandesalter zum Schälzeitpunkt	Faulhöhe im Endnutzungsalter	Schaden für Ertragsklasse:			
		I	II	III	IV
15 Jahre	2 m	2 045 €	1 943 €	1 943 €	2 045 €
	3 m	**2 403 €**	**2 505 €**	**2 710 €**	**2 812 €**
	4 m	2 863 €	3 170 €	3 426 €	3 477 €
20 Jahre	2 m	2 301 €	2 096 €	2 045 €	2 096 €
	3 m	**2 659 €**	**2 710 €**	**2 914 €**	**2 914 €**
	4 m	3 170 €	3 426 €	3 630 €	3 630 €
⋮	⋮	⋮	⋮	⋮	⋮

FORMBLATT FLÄCHENBERECHNUNG

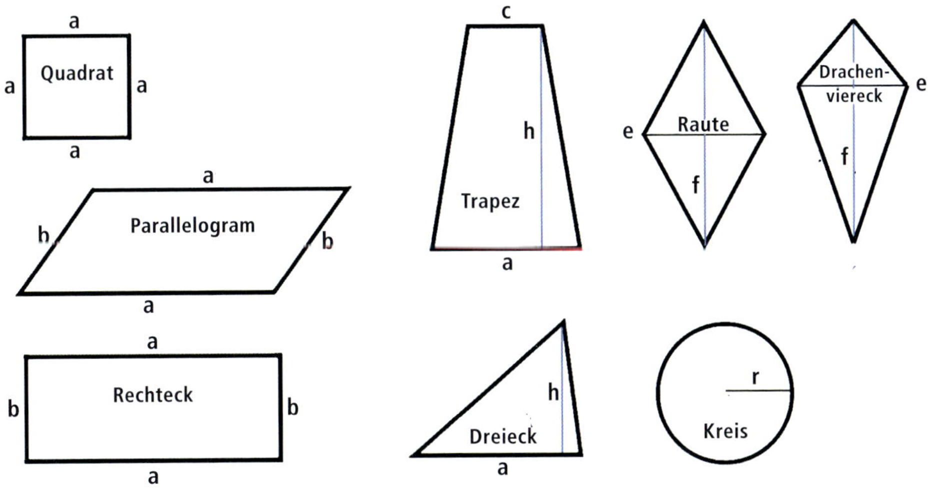

— Quadrat: $A = a \cdot a$
— Rechteck: $A = a \cdot b$
— Parallelogramm: $A = a \cdot h$
— Trapez: $A = 0{,}5 \cdot (c + a) \cdot h = m \cdot h$
— Dreieck: $A = 0{,}5 \cdot a \cdot h$
— Drachen: $A = 0{,}5 \cdot e \cdot f$
— Raute: $A = 0{,}5 \cdot e \cdot f$
— Kreis: $A = \pi \cdot r2$
— π = PI = Kreiszahl = 3,141592654

ZUWACHS AN GRÜNLANDFUTTER PRO TAG[1)]

Standorte	April 16–30	Mai	Juni	Juli	August	September	Oktober	Ertrag
			kg/TM [d und ha]					t-TM/[ha und a]
Kleve-Kellen Weide	60	100	80	70	55	30	20	11,8
Mähweide[2), 3)]	60	175	55	65	55	30	20	13,2

1) aus HOFMANN 2018
2) Bei 1 Heuschnitt Anfang Juni, dann Weidegang, 5 Nutzungen
3) Bei Düngung, 2 kg/(d u. ha] = 360 kg N/(d u. a)

SCHUTZMITTEL GEGEN WINTERVERBISS ZUR ANWENDUNG AN LAUB- UND NADELHÖLZERN

NAME DES PRÄPARATES	HERSTELLER	AUSBRINGUNGSVERFAHREN
*,** Arbinol B	Stähler Agrochemie 21683 Stade	Streich-, Tauch- und Spritzverfahren
* Certosan	Flügel GmbH Eisdorferstr. 21 37520 Osterode am Harz	Sommer- und Winterwildverbiss Schutzmittel zur ganzjährigen Anwendung im Tauch-, Streich-, Spritz- und Sprühverfahren
*,** Cervacol extra	Cheminova Deutschland GmbH & Co. KG Stader Elbstraße 26 21683 Stade	Streichverfahren
*,** TRICO	Kwizda Agro GmbH Universitätsring 6 A 1010 Wien	Sommer- und Winterverbiss-Schutzmittel zur ganzjährigen Anwendung im Sprühverfahren.

ÜBERSICHT DER IN DEUTSCHLAND ZUGELASSENEN UND HANDELSFÄHIGEN CHEMISCH-BIOLOGISCHEN FEGE- UND SCHÄLSCHUTZMITTEL

HANDELSNAME	HERSTELLER	AUSBRINGUNGSVERFAHREN
* Wöbra	Flügel GmbH 37520 Osterode	Die Mittel mit Quarzsand werden durch Streichen aufgetragen, der Mittelbedarf beträgt etwa 250–400 g/Stamm; auch als Fegeschutzmittel zugelassen.
* Proagro Schäl- und Fraßstopp	Proagro GmbH Beerbach 55 91183 Abenberg	
* TRICO	Kwizda Agro GmbH Universitätsring 6 A 1010 Wien	Je nach Wildart, Hangsituation und Fläche der Wurzelanläufe mindestens 100 ml/Stamm, auch als Fegeschutzmittel zugelassen

* Bestehende Produkt-Zulassungen müssen nach der Erneuerung einer Wirkstoffgenehmigung gemäß Artikel 43 der Verordnung (EG) Nr. 1107/2009 unter Berücksichtigung neuer Erkenntnisse überprüft werden. Während des Verfahrens wird eine bestehende Zulassung jährlich verlängert.
** Zulassung beschränkt auf Reh- und Rotwild

WEITERFÜHRENDE LITERATUR UND QUELLENVERZEICHNIS

- Arbeitskreis forstliche Landespflege in der AG Forsteinrichtung, 1984: Biotop-Pflege im Wald. Ein Leitfaden für die forstliche Praxis. Grevden, Kilda.
- Auswertungs- und Informationsdienst für Ernährung, Landwirtschaft und Forsten (AID) e.V. (Hrsg.), 1996: Biotope und Habitate im Wald. Teil 1: Lebensräume. Bonn, AID 3350/1996.
- Bundesamt für Verbraucherschutz und Lebensmittelsicherheit, 2018: Pflanzenschutzmittelverzeichnis 2018. Teil 4 Forst, 66. Auflage.
- Conrad, P., Schneider, E., 1997: Zur Bewertung von Schälschäden an Waldbäumen. Wertermittlungsforum, 15, 4: 1–4.
- Diekmann, M., 1983: Einfluß von Wildverbiß auf den Ertrag verschiedener landwirtschaftlicher Kulturpflanzen – Ergebnisse von Verbiß-Simulationsversuchen. Z. Jagdwiss. 29: 95–110.
- Drees, H., 2010: Jagdrechtliche Vorschriften Nordrhein-Westfalen. 8. Auflage. Stuttgart, Deutscher Gemeindeverlag, Kohlhammer GmbH, ISBN: 978-3-555-01439-5.
- Drees, H., Thies, H.-J., 2006: Wild- und Jagdschaden: Anleitung zur Geltendmachung und Feststellung von Wild- und Jagdschäden. 8. Auflage. Stuttgart, Deutscher Gemeindeverlag, ISBN: 978-3-555-013888-6.
- Drees, H., Thies, H.-J., Müller-Schallenberg, R., 2009: Das Jagdrecht in NRW. 5. Auflage. Wiesbaden, Kommunal- und Schulverlag.
- Duhr, M. (Hrsg.), 2024: Konvention zur Bewertung von Wildschäden im Wald – Konzept einer Bewertungskonvention für Verbiss-, Fege., Schlag- und Schälschäden durch Schalenwild.
- Teil A – Verbiss-, Fege- und Schlagschäden
- Landesforsten Rheinland-Pfalz Forstamt Kastellaun – Waldbewertung & Forschungsanstalt für Waldökologie und Forstwirtschaft, Deutscher Forstwirtschaftsrat e.V., Landesbetrieb Forst Brandenburg, KWF e.V.
- Teil B – Schälschäden
- Landesforsten Rheinland-Pfalz Forstamt Kastellaun – Waldbewertung & Forschungsanstalt für Waldökologie und Forstwirtschaft, Deutscher Forstwirtschaftsrat e.V., Landesbetrieb Hessen-Forst, Nordwestdeutsche Forstliche Versuchsanstalt, Landesbetrieb Forst Brandenburg, Kuratorium für Waldarbeit und Forsttechnik e.V.
- Fischer, L., 2024: Myxomatose bedroht Feldhasen. RWJ 78, 10: 6–7.
  – 2024: Blauzungen-Krankheit bei Wildwiederkäuern. RWJ 78, 10: 8.
- Gäumann, E., 1935: Der Stoffhaushalt der Buche (Fagus sylvatica) im Laufe eines Jahres. Ber. schweiz. bot. Ges. 44: 157–334.
- Grub, H., Petrak, M., 2011: Wildschäden im Wald. 9. Auflage. Redaktion R. Schretzmann. Bonn, AID-Heft 1134/2015.
- Herzog, S., 2023: Die Sache mit dem Wald: Neue Perspektiven und Konzepte für unser Ökosystem. Stuttgart.
- Hespeler, B., 1999: Wildschäden heute. Vorbeugung, Feststellung, Abwehr. München, BLV Verlagsgesellschaft mbH.
  – 2019: Wildschäden & Schäden durch Wildtiere. Graz, Stuttgart, Leopold Stocker Verlag.
- Julius Kühn-Institut, 2018: Liste der zugelassenen Pflanzenschutzmittel in Deutschland mit Informationen über beendete Zulassungen (Stand: Juli 2018).
- Klar, G., 2024: Holz machen – und jagen! RWJ 78, 10: 18.
- Konrad, H., 2012: Wildschadensersatz in gemeinschaftlichen Jagdbezirken nach § 29 Abs. 1 BJagdG. Geschichte, Systematik und aktuelle Problemstellungen. In Ekardt, F. und Schomerus, T. (Hrsg.): Studien zum internationalen, europäischen und deutschen Nachhaltigkeitsrecht 3. Berlin, LIT Verlag.
- Kuratorium für Technik und Bauwesen in der Landwirtschaft e.V. (KTBL) (Hrsg.), 2017: Gemüsebau: Freiland und Gewächshaus. Darmstadt.
  – 2018: Faustzahlen in der Landwirtschaft. 15. Auflage, Darmstadt.
- Landesbetrieb Wald und Holz NRW, 2016: Verbissgutachten. Wildmonitoring im Landesbetrieb Wald und Holz NRW. Grundsätze zur Fertigung des Verbissgutachtens zum Einfluss des Schalenwildes auf die Verjüngung der Wälder. 2. Auflage. Münster.
- Landesforsten Rheinland-Pfalz Forstamt Kastellaun – Waldbewertung & Forschungsanstalt für Waldökologie und Forstwirtschaft, Deutscher Forstwirtschaftsrat e.V., Landesbetrieb Hessen-Forst, Nordwestdeutsche Forstliche Versuchsanstalt, Landesbetrieb Forst Brandenburg, Kuratorium für Waldarbeit und Forsttechnik e.V., 2024: Bewertung von Schälschäden – Auszug aus der Konvention zur Bewertung von Wildschäden im Wald – Hilfstabellen.
- Landesjagdverband Nordrhein-Westfalen e.V. mit Forschungsstelle für Jagdkunde, 2024: Marder in Haus und Auto: Kleiner Ratgeber bei Marderproblemen (aktuelle Ausgabe).
- Larcher, W., 2001: Ökophysiologie der Pflanzen. 6. Auflage. Stuttgart: Eugen Ulmer, UTB 8074.
- Leonhardt, P., Bauer, J., Löwis of Menar, O., 2019: Wildschadenersatz. Begründet von Leonhardt, P., Bauer, J., Schätzler, H. München, Wolter Kluwer Deutschland GmbH.
- Lödige, M., 2010: Vergleich der Verfahren zur Beurteilung von Verbiss-, Schäl- und Fegeschäden durch Schalenwild in Deutschland. Bachelorarbeit. Fakultät für Forstwissenschaften und Waldökologie der Georg-August-Universität Göttingen.

- Lübbers, S., 2018: Effektive und zeitgemäße Gänsebejagung. Allgemeine Forstzeitschrift 73, 6, 24 – 25.
- Lübbers, S., 2024: Auf Sommergänse: So klappt der Jagderfolg! www.pirsch.de, 27.07.2024, S. 1 – 9.
- Mattheus-Staack, E., 2006: Taschenatlas Gemüse. 200 Arten und Sorten. Stuttgart, Eugen Ulmer KG.
- Miller, C., 2014: Wildtierkunde kompakt: Kennzeichen, Lebensweise, Verhalten. 2. Aufl., München.
- Moog, M., 2008: Bewertung von Wildschäden im Wald. Melsungen, Verlag J. Neumann-Neudamm.
- Moog, M., Schaller, M., 2002: Wildschadensbewertung im Wald – Ein Verfahrensvorschlag zur Bewertung von Verbissschäden unter Berücksichtigung der Dichte der unverbissenen Pflanzen. Forstarchiv 73: 3 – 10.
- Ophoven, E., 2021: Wildtierkunde. Stuttgart, Kosmos.
- Peerenboom, G., Betge, F., Janko C. & I. Storch, 2020: Wildtiermanagement im Siedlungsraum – Ein Handbuch für Kreise und Kommunen in Baden-Württemberg. Freiburg.
- Petrak, M., 1992: Integrierte Konzepte zur Schalenwildbewirtschaftung in Nordrhein-Westfalen. AFZ 46: 285 – 287.
  – 1992: Rotwild (*Cervus elaphus* Linné, 1758) als Pflegefaktor für bärwurzreiche Magertriften (*Arnicetum montanae* Schw., 1944 = Meo-Festucetum) in der Nordwesteifel. Z. Jagdwiss. 38, 4: 221 – 234.
  – 1995: Ausgleich von Erholung, Waldbau und Rotwild am Beispiel des Wintersportzentrums Winterberg. Ein erfolgreicher Kompromiss wird vorgestellt. In LÖBF 1995, LÖBF-Jahresbericht 1994: 80 – 82.
  – 1996: Der Mensch als Störgröße in der Umwelt des Rothirsches (*Cervus elaphus* L. 1758). Z. Jagdwiss. 42, 4: 180 – 194.
  – 1996: Kein Wild richtet vorsätzlich Schaden an! Wild und Hund 7: 26 – 29.
  – 1996: Wildschäden verhindern – nicht vergüten! Wild und Hund 7: 22 – 25.
  – 1998: Integration of the Demands of Red Deer (Cervus elaphus) and Man in Relation to Forestry, Hunting and Tourism. Gibier Faune Sauvage, Game Wildl. Vol. 15 (Hors série Tome 3): 921 – 926.
  – 2000: Jagdreviergestaltung: Wildlebensräume planen, entwickeln, erhalten. Stuttgart, Kosmos.
  – 2009: Walddynamik nach Kyrill – etho-ökologische Grundlagen zur Berücksichtigung der Lebensansprüche des Wildes in Fortwirtschaft und Tourismus, Naturschutz und Jagd nach dem Sturm. Artenschutzreport 24: 35 – 41.
  – 2009: Empfehlungen zum Ausgleich von Wald und Wild nach „Kyrill“. AFZ 64, 23: 1236 – 1239.
  – 2009: Lehren von „Wiebke“: Empfehlungen zum Ausgleich von Wald und Wild nach Kyrill. AFZ 23, Wald und Wild nach „Kyrill“ – Waldbau und Forstschutz, Artenschutz: 1236 – 1239.
  – 2009: Gemeinsam Handeln. Mehr Ruhe für Wildtiere. Niedersächsischer Jäger 54, 15: 8 – 12.
  – 2022: Beobachtungen im Revier: Hinweise und Empfehlungen für die Praxis. 10. Ausgabe. LANUV, Forschungsstelle für Jagdkunde und Wildschadenverhütung Bonn.
  – 2017: Hegegemeinschaften: Aufgaben und Perspektiven. 3. völlig neu überarbeitete Ausgabe. LANUV, Forschungsstelle für Jagdkunde und Wildschadenverhütung Bonn.
  – 2019: Verhütung von Wildschäden im Walde: Aufgabe für Waldbesitzer, Forstleute und Jäger. 33., völlig neu überarbeitete Ausgabe. Umdruck LB WuH, Forschungsstelle für Jagdkunde und Wildschadenverhütung Bonn.
  – 2019: Lebensraumgestaltung – Beweidungsmanagement im Naturschutz – Wildgesundheit. Artenschutzreport 40: 312 – 38.
  – 2019: Schluchtwälder, Rotwild und Tourismus im Nationalpark Eifel. AFZ – Der Wald 74, 14: 52 – 57.
  – 2019: Lebensraum Jagdrevier: Erkennen – erhalten – artgerecht gestalten. Stuttgart, Kosmos.
  – 2019: Sauberkeit und Hygiene helfen Feuersalamander und Wildschwein. Das Monschauer Land – Jahrbuch 2020, 48. Jahrgang. Geschichtsverein des Monschauer Landes: 20 – 24.
- Petrak, M., Simon, O., 2024: Methodik der Vegetationsaufnahme zur Erfassung der Wechselbeziehungen zwischen Schalenwild und Vegetation. Wildbiologische Forschungsberichte 2024. Schriftenreihe der Wildbiologen und Jagdwissenschaftler Deutschlands (VWJD) (Hrsg.) 5, 277 – 284.
- Pollanschütz, J., 1984: Auswirkungen von Wildverbiß auf den Wald. In: Bayerisches Staatsministerium für Ernährung, Landwirtschaft und Forsten: Rehwild, Biologie, Jagd. Arbeitstagung vom 10. bis 12.03.1984: 41 – 49.
  – 1987, Einfluß des Wildverbisses auf die Entwicklung von Waldbeständen. In: Bayerisches Staatsministerium für Ernährung, Landwirtschaft und Forsten: Wildschäden und Äsungsverbesserungen. Arbeitstagung vom 22. bis 24.06.1987: 50 – 58.
  – 1988: Entwicklung der Verbiß-Situation von Forstpflanzen im Versuchsgatter Stamham (Kurzfassung einschließlich Übersichten und Tabellen). Vortrag anläßlich des AKWJ-Rehwild-Symposiums in Rauischholzhausen.
- Popper, K. R., 1973: Objektive Erkenntnis – ein evolutionärer Entwurf. Hamburg.
- Prien, S., 1997: Wildschäden im Wald. Ökologische Grundlagen und integrierte Schutzmaßnahmen. Berlin, Parey Buchverlag.
- Prien, S., Müller, M., 2010: Wildschäden im Wald: Ökologische Grundlagen und integrierte Schutzmaßnahmen. 2. Auflage. Melsungen, Verlag J. Neumann-Neudamm.
- Reetz, M., 2024: Noch mehr Holz statt Plastik – neue Entwicklungen bei Wuchshüllen. AFZ 79, 22, 25 – 29.
- Reimoser, F., Reimoser, S., 1998: Richtiges Erkennen von Wildschäden am Wald. Wien, Zentralstelle Österr. Landesjagdverbände.
- Reimoser, F., Stock, J., 2024: Baumverbiss durch

Huftiere und Waldentwicklung – Langfristige Auswirkungen auf ehemaligen Wildschadensflächen. Beiträge zur Jagd- und Wildforschung 46, 23 – 36.

— Reiner, G., 2022: Aktuelles Gutachten für NRW: Dramatische genetische Verarmung. RWJ 77, 11, 4 – 7.

— Riesch, F., Tonn, B., Meißner, M. & J. Isselstein, 2017: Erhalt von Offenlandschaften – wildlebende Rothirsche als Landschafts-Pfleger: Vegetationsökologie. – In: Kinser, A. & H. Münchhausen
(Eds.): Der Hirsch als Naturschützer – Konsequenzen für den Umgang mit Huftieren in Großschutzgebieten. Tagungsband zum 8. Rotwildsymposium der Deutschen Wildtier Stiftung vom 07. bis 09. Juli 2016 in Baden-Baden, 178 – 183.

— Riesch, F., Tonn, B., Meißner, M., Balkenhol, N. & J. Isselstein, 2019: Grazing by wild red deer: Management options for the conservation of semi-natural open habitats. – J Appl Ecol. 2019; 00:1 – 11. https://doi.org./10.1111/1365 – 2664.13396.

— Riesch, F., Tonn, B., Stroh, H. G., Meißner, M., Balkenhol, N. & J. Isselstein, 2020: Grazing by wild red deer maintains characteristic vegetation of semi-natural open habitats: Evidence from a three-year exclusion experiment. – Appl Veg Sci 2020; 00:1 – 17. https://doi.org/10.1111/avsc.12505.

— Runderlass des Ministeriums für Klimaschutz, Umwelt, Landwirtschaft, Natur und Verbraucherschutz III 6 71 – 20 – 00,03: 19.04.2017: Hege und Bejagung des Wildes in Hegegemeinschaften sowie Hinweise zu Fütterung, Äsungsflächen und Jagdmethoden (HeGe).

— Schaller, M., 2002: Ökonomische Bewertung von Schälschäden im Wald. Computergestützte Einzelbaumbewertung mit Berücksichtigung von Nachbarbäumen auf der Basis aktueller Daten zum Wachstum der Fichte. Schriftenreihe Jagd, Bd. 5. Dissertation. Wissenschaftszentrum Weihenstephan für Ernährung, Landnutzung und Umwelt der Technischen Universität München.

— Seeling, U., Schaper, M. v. H., 2005: Forst-Holz und Jagdtaschenbuch 2005, 58. Alfeld, M. v. H. Schaper.

— Simon, O., Goebel, W., 2014: Vegetationskundliche Langzeitstudien im WSG Kranichstein: Gehölzverjüngung unter Wildeinfluss in naturnahen Wäldern. AFZ-Der Wald 69, 1, 10 – 12.

— Simon, O., Goebel, W., Stambke, A. & M. Petrak, 2024: Stickstoffüberschuss, Wassermangel und Wildwirkungen im Wald – Wechselwirkungen zwischen Huftieren und Waldvegetation unter dem Einfluss anthropogener Veränderungen im Zeitraum 1992 – 2024. Wildbiologische Forschungsberichte 2024. Schriftenreihe der Wildbiologen und Jagdwissenschaftler Deutschlands (VWJD) (Hrsg.) 5, 117 – 123.

— Simon, O., Kugelschafter, K., 1998: Das Rotwild der Montabaurer Höhe, Nutzerkonflikte und Lösungsansätze. (Wildbiologisches Gutachten für den Rotwildbezirk Montabaurer Höhe). Schrft. AKW-JLU 24, Remshalden, Hennecke.

— Simon, O., Petrak, M., 1998: Zur Methodik der Linientaxation bei der Erhebung von Schälereignissen. Zeitschrift für Jagdwissenschaften 44: 113 – 122.

— Simon, O., Lang, J., Petrak, M., 2008: Rotwild in der Eifel: Lösungen für die Praxis aus dem Pilotprojekt Monschau-Elsenborn. Klitten, Lutra Verlags- und Vertriebsgesellschaft, ISBN: 978 – 3 – 936412 – 04 – 8.

— Staege, H. J., 2000: Effektivität ist Trumpf. In DJZ-Spezial. Erkennen, Verhindern, Regulieren: Wildschaden in Feld und Wald: 54 – 59.

— Stommel, C., 2019: Hitze und Trockenheit – Probleme für heimisches Wild? – Klimagerechte Reviergestaltung. RWJ 73, 9: 16 – 17.
– 2019: Wildschaden an landwirtschaftlichen Kulturen. Vortrag im Rahmen des LJV Seminar Wildschäden an land- und forstwirtschaftlichen Kulturen in Buke am 29.03.2019 – PPP-Unterlagen.
– 2020: Umsetzung von Naturschutzmaßnahmen im Offenland. AFZ 75, 6: 35 – 38.

— Thies, H.-J., 2011: Wild- und Jagdschaden: Anleitung zur Geltendmachung und Feststellung von Wild- und Jagdschäden. 9. Auflage. Stuttgart, Kohlhammer Deutscher Gemeindeverlag.

— Thies, H.-J., 2020: Jagdrechtliche Vorschriften Nordrhein-Westfalen. 10. Auflage. Stuttgart, Kohlhammer Deutscher Gemeindeverlag.

— TUBEX-Deutschland, 2019: Produktinformationen und Querverweise zu Veröffentlichungen (Internetaufruf Juni 2019).

— Ueckermann, E., 1960: Wildstandsbewirtschaftung und Wildschadenverhütung beim Rotwild. Hamburg und Berlin, Parey.
– 1981: Die Wildschadenverhütung in Wald und Feld. 4. Auflage. Hamburg und Berlin, Parey.
– 1988: Verhütung von Wildschäden im Walde. 27. Ausgabe. Forschungsstelle für Jagdkunde und Wildschadenverhütung Bonn.

— Verband der Landwirtschaftskammern (Hrsg.), 2019: Berechnungsgrundlagen für die Ermittlung von Schäden an landwirtschaftlichen und gärtnerischen Kulturen und Grundstücken. Red. R. R. Assmann, Berlin.

— Verwaltungsgericht Aachen, 2023: Hinweis an den Kreis Euskirchen, 3 K 1768/22.

— Wallonische Regierung, 2016: Erlass vom 1. Dezember 2016 zur Bestimmung der Höhe der in Artikel 2ter des Gesetzes vom 28. Februar 1882 über die Jagd erwähnten Einfriedungen sowie der Modalitäten für ihre Aufstellung. Belgisches Staatsblatt 14/12/2016.

— Wolters Kluwer, 2019: Wild- und Jagdschadensersatz. Handbuch zur Schadensabwicklung mit Berechnungsgrundlagen und Tabellen. Begründet von Leonhardt, P., Bauer, J., Schätzler, H., fortgeführt von Leonhardt, P., Bauer, J., Moog, M. Köln, Carl Link Kommunalverlag. Onlineausgabe auf wolterskluwer-online.de, aktualisiert am 11.12.2019.

DER AUTOR

Der Wildbiologe und Jagdwissenschaftler Dr. Michael Petrak beschäftigt sich seit seinem Studium der Biologie mit der heimischen Natur und den hier lebenden Wildtieren. Er war mehr als drei Jahrzehnte Leiter der Bonner Forschungsstelle für Jagdkunde und Wildschadenverhütung des Bundeslandes Nordrhein-Westfalen. In dieser Zeit erforschte der Wissenschaftler unter anderem die Wechselbeziehungen zwischen Wildtieren, Lebensräumen und Menschen und entwickelte gemeinsame Lösungen zum Ausgleich der Interessen von Land- und Forstwirtschaft, Jagd, Tourismus und Naturschutz. Als Autor gibt er sein Wissen in Seminaren, Fachartikeln und Büchern sowie in der Aus- und Fortbildung von Jagdaufsehern und Berufsjägern weiter. Im Kosmos-Verlag erschien bereits Dr. Michael Petraks Werk „Lebensraum Jagdrevier".

REGISTER

BILDNACHWEIS

Mit 179 Farbfotos von Verfasser Dr. Michael Petrak (97): alle nachfolgend nicht näher aufgeführten; *sowie von*: AdobeStock (52)\Alla: S. 31 \Ingo Bartussek: S. 80 \Bergringfoto: S. 126 \ bilanol: S. 6 \boedefeld1969: S. 28 \Bouke: S. 128 \Carly: S. 129 o. \Claudio: S. 140 r. \Hans Arnold Eberlein: S. 138 \Mircea Costina: S. 32/33 \dk-fotowelt: S. 113 \Georg: S. 132 \Guntar Feldmann: S. 46 u. \Christophe Fouquin: S. 130/131 \Thorsten Grohse: S. 26 \Hermann: S. 118 u. \lmagenet: S. 17 \JAG IMAGES: S. 83 r. \Karin Jähne: S. 83 l. \Lars Johansson: S. 21 u. \S. Leitenberger: S. 101 u. \Lukeriya: S. 144/145 \J_K_b: S. 89 \Joris Machholz: S. 87 o. \Jose-Miguel: S. 107 o. \miracupix: S. 88 \MoiraM: S. 29 \molenira: S. 107 u. \motivjaegerin1: S. 87 u. \Nice09Pics: S. 96 \Cora Müller: S. 14 \Peter Oetelshofen: S. 94/95 \Paitoon: S. 133 o. \Photo-hunter: S. 129 u. \Rawpixel.com: S. 106 \Thomas Reimer: S. 19 \ReNi: S. 34 \RnDmS: S. 12 \ Enrico Rovelli: S. 85 \rupbilder: S. 61 \sailer: S. 68 \Thorsten Schier: S. 13 l. \TimSiegert-batcam: S. 63 \Simon: S. 13 r. \Stavros: S. 74/75 \Thaut Images: S. 30 u. \tutye: S. 137 \ValentinValkov: S. 60 \Vanell: S. 78 \WildMedia (2): S. 4/5, 134 \Zerbor: S. 124; *außerdem von* Erik Bordunsson (2): S. 71, 92; Keith Evans, CC BY (Wikimedia Commons): S. 105;Forschungsstelle f. Jagdkunde u. Wildschadenverhütung NRW (5): S. 35 o., 47, 50 u. r., 51 r. M. und r. u.; Gargoyle888 (Wikimedia Commons): S. 72; Benno Hohlbein: S. 115; Alexander Klug: S. 50 o. l.; Ekkehard Ophoven (5): S. 16, 25, 38, 39, 64 u.; Bernd Reichelt: S. 77; Dr. Claudia Schmied (8): S. 10, 37 r. o. und r. u., 50 o. r. und u. l., 51 o. l., 104 beide; Karl-Heinz Volkmar (5): S. 22/23, 56/57, 91 beide, 142

Mit 11 Illustrationen und Grafiken von Kay Elzner (2): S. 26, 139; Ekkehard Ophoven (9): S. 8 und 9 alle, 70

IMPRESSUM

Umschlaggestaltung von Büro Jorge Schmidt, München, unter Verwendung einer Fotografie von Karl-Heinz Volkmar

Mit 181 Farbfotos sowie 13 Farbillustrationen und -grafiken

Unser gesamtes Programm finden Sie unter **kosmos.de**.
Über Neuigkeiten informieren Sie regelmäßig unsere Newsletter, einfach anmelden unter **kosmos.de/newsletter**

Gedruckt auf chlorfrei gebleichtem Papier

ISBN 978-3-440-18092-1
Redaktion: Ekkehard Ophoven
Gestaltung und Satz: TEXT & BILD | Michael Grätzbach
Produktion: Klaus Jost
Druck und Bindung: Westermann Druck Zwickau GmbH, Zwickau
Printed in Germany / Imprimé en Allemagne

FSC www.fsc.org MIX Papier | Fördert gute Waldnutzung FSC® C110508